中华青少年科学文化博览丛书·科学卷 >>>

图说原子能的开发 >>>

中华青少年科学文化博览丛书·科学卷

图说原子能的开发

TUSHUO
YUANZINENGDE
KAIFA

吉林出版集团有限责任公司 | 全国百佳图书出版单位

前 言

在神秘的原子能世界里,我们对它的产生组成都有着不同的猜想。它的能量给我们带来了探索与好奇心,让我们对它的一切,都产生了浓厚的兴趣。

原子是由质子、中子和电子组成的。世界上一切物质都是由原子构成的,任何原子都是由带正电的原子核和绕原子核旋转的带负电的电子构成的。原子核一般是由质子和中子构成的,最简单的氢原子核只有一个质子,原子核中的质子数(即原子序数)决定了这个原子属于何种元素,质子数和中子数之和称该原子的质量数。

随着人类对放射性和原子能认识的加深,特别是原子弹问世以后,大批科学家开始了和平利用原子能的研究。人们已经知道,原子能不仅可用来造原子弹,还可以用于发展生产、改善人民生活、减轻人类的痛苦。放射性的同位素在医学上对于杀死、割除癌肿瘤等病理上有不可缺少的作用。所以放射性不仅可以置人于死地,也可能使病人从痛苦中解脱出来。

科学家正在寻找简便的方法来制造反物质,利用外太空收集器的方式,收集反物质粒子,也可利用高强度的激光照射黄金,产生黄金的反物质,也就是制造反金原子。用以减少制造反物质的成本,加速新型核能源的生产。我们正步入原子时代,人类走到了十字路口。一条路是把原子能所创造的奇迹用在和平的目的上,以谋求社会的进步。另一条路则通向地球上生命的死亡和毁灭,制造更大的更加可怕的炸弹。我们相信人类会选择前者,而不是后者。

本书详细地介绍了原子构成、产生能量的广泛应用,从各个方面讲解了它与人类密切相关。通过阅读本书可以对神秘的原子能有更进一步的了解与学习,为中小学生增长知识、开阔视野特编此书。

目 录

第一章

概念

原子能的定义 ·················· 7

原子能的广泛应用 ·············· 9

第四代 ······················· 19

原子的组成 ··················· 20

第二章

国际原子能机构

机构简介 ····················· 24

153 个成员国组成 ·············· 28

银灰色现代化的建筑群 ·········· 30

机构的运作机制 ··············· 31

历任干事 ····················· 32

第三章

原子能的开发应用

原子能电池 ··················· 42

原子能发电 ··················· 49

原子弹 ······················· 70

核潜艇 ······················· 99

第四章

核能发电

能源带来的幻想 ··············· 108

中国的核电 ··················· 109

目 录

秦山核电站 ·················· 111
大亚湾核电站 ················ 114

第五章

核安全

核电站的安全性 ·············· 118
核垃圾的处理 ················ 126
核电风险最小 ················ 128
可持续核聚变反应堆 ············ 128

第六章

核武器

世界"原子弹之父"——奥本海默 ········ 131
破坏力极大的"三弹" ············ 133
污染 ····················· 136
核武器制造 ················· 137

第七章

核能的未来

海上海底核电站 ·············· 140
通古斯大爆炸 ················ 143
增殖堆 ···················· 149
聚变将带来巨变 ·············· 151
人造小太阳 ················· 156

概念

1. 原子能的定义
2. 原子能的广泛应用
3. 第四代
4. 原子的组成

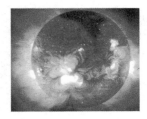

◩ 原子能的定义

原子能又称"核能",原子核发生变化时释放的能量,如重核裂变和轻核聚变时所释放的巨大能量。放射性同位素放出的射线在医疗卫生、食品保鲜等方面的应用也是原子能应用的重要方面。在发现原子能以前,人类只知道世界上有机械能,如汽车运动的动能;有化学能,如燃烧酒精转变为二氧化碳气体和水放出热能;有电能,当电流通过电炉丝以后,会

核能的利用

发出热和光等。这些能量的释放，都不会改变物质的质量，只会改变能量的形式。

原子是由质子、中子和电子组成的。世界上一切物质都是由原子构成的，任何原子都是由带正电的原子核和绕原子核旋转的带负电的电子构成的。一个铀-235原子有92个电子，其原子核由92个质子和143个中子组成，50万个原子排列起来相当一根头发的直径。如果把原子比作一个巨大的宫殿，其原子核的大小

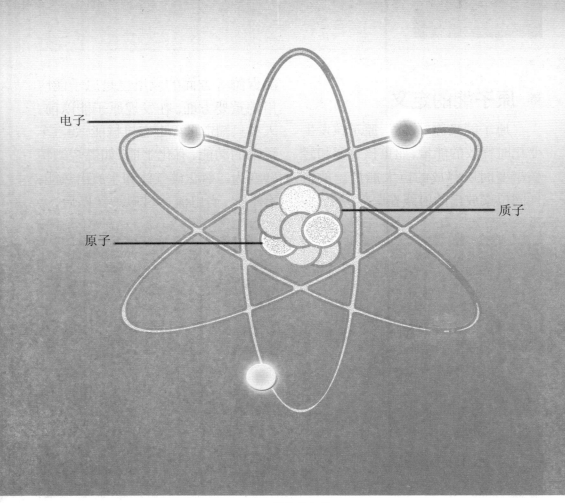

原子的组成

核反应堆

只是一颗黄豆,而电子相当于一根大头针的针尖。一座 100 万千瓦的火电厂,每年要烧掉约 33 亿千克煤,要用许多列火车来运输。而同样容量的核电站一年只用 3 万千克燃料。

◪ 原子能的广泛应用

利用铀、钚、钍等核燃料在核反应堆中核裂变所释放出的热能,将水加热成高温高压蒸汽以驱动汽轮发电机组发电的一种发电方式。

无知的代价在 20 世纪初,人们对镭等放射性物质的危害还一无所知。在美国新泽西州的一家钟表制造店里,女工们用极尖的油漆刷把含镭的油漆涂在手表的针面上。有些女工用嘴唇抿直刷毛,以保持漆刷的尖锐。她们所咽下去的少而又少的一点镭为骨骼所吸收。数年之后,有人因镭中毒而死亡。这是因为对放射性物质的无知而造成的典型的悲剧。其中有些染病的骨骼已被保存在实验室里,供进一步研究。

随着人类对放射性和原子能认

核电站

识的加深，特别是原子弹问世以后，大批科学家开始了和平利用原子能的研究。人们已经知道，原子能不仅可用来造原子弹，还可以用于发展生产、改善人民生活、减轻人类的痛苦。

环境污染问题大部分是由使用化石原料引起的，化石燃料燃烧会放出大量的烟尘、二氧化碳、二氧化硫氮氧化物等，由二氧化碳等有害气体造成的"温室效应"，将使地球气温升高，会造成气候异常，加速土地沙漠化过程，给社会经济的可持续发展带来灾难性的影响，核电站不排放这些有害物质，不会造成"温室效应"，与火电厂相比能大大改善环境质量，保护人类赖以生存的生态环境等。

在国外核电站的周围有人居住、游泳、放牧牛羊、钓鱼，有的核电站位于大城市附近，有的位于游览区。核电站是安全、经济、干净的能源，与火电站相比，更有利于保护环境。

世界上有核电国家的多年统计资料表明，虽然核电站的比投资高于燃煤电厂，但是，由于核燃料成本显著地低于燃煤成本，以及燃料是长期起作用的因素，这就使得核电站的总发电成本低于烧煤电厂。

世界上现在已探明的铀储量约49亿千克，钍储量约27.5亿千克。这些裂变燃料足够使用到聚变能时代。聚变燃料主要是氘和锂，海水中氘的含量为每升0.034克，据估计地球上总的水量约为138亿亿立方米，其中氘的储量约40万亿吨，地球上的锂储量有2 000多亿吨，锂可用来制造氚，足够人类在聚变能时代使用。按世界能源消费的水平，地球上可供原子核聚变的氘和氚，能

核电站

供人类使用上千亿年。因此,有些能源专家认为,只要解决了核聚变技术,人类就将从根本上解决了能源问题。

人们最容易想到的利用原子能的途径就是设计一种原子反应堆,然后利用里面产生的热能发电。但是,用原子能发电要比用传统的方法贵得多。主要不是因为所用的燃料昂贵,而是由于原子能发电厂的建造要十分安全,能够防止射线的逸出。只有在技术条件成熟的情况下,原子能发电厂的造价才会有所降低。

从1956年英国女王伊利莎白二世按下开关按钮、世界第一座大型原子能发电厂供电开始,到1965年,英国已有19座原子能发电厂,还有许多座发电厂正在设计过程当中。许多国家都有原子能发电厂。

当科学家们最早谈起轻便的原子能发电厂时,很多人认为他们是在做梦。今天,有些机动的原子能发电厂,或以车载或以空运送到一个地点,在12个小时之内就可以发动使用。而一磅的铀就相当于6 000桶的油料。对于荒凉的北极和南极地区而言,在低于零度的气温条件下,轻便的发电原子反应堆似乎是解决电力和热量供应问题的最好方法。如美国曾用27只大箱子装满原子发电厂的零件,每只重约1.5万千克,送到偏僻的怀俄明山顶,到那里再安装起来,成为一座供雷达使用的中型

核潜艇"鹦鹉螺号"

核潜艇"鹦鹉螺号"

发电厂。

除了发电外,体积较小的原子反应堆还有其他用途,美国1955年下水的第一艘核潜艇"鹦鹉螺号"就是用和高尔夫球一样大小的一块铀推动的。"鹦鹉螺号"第一年在海上航行了几万千米,没有添加任何燃料。

原子反应堆在产生大量热能的同时,还能产生大量的中子流。有一些元素在中子流的轰击下能捕捉住其中的一个中子,变成具有放射性的元素。但是,这些元素不是通常所说的放射性元素,它们由于吸收了一个中子才具有放射性,因此人们称它们为人造放射性元素。多了一个中子后,原子的质量也发生了变化,人们又称这些元素为放射性同位素。

不管是哪一种放射性元素,其表现都是一样的。它能够持续不断地放射出射线和粒子。放射性同位素正是靠这种表现才身价百倍。

设想一个窃贼从现场慌忙逃跑。他经过出口,一擦而出,但难免有一点儿几乎无法觉察的油漆附着到他的衣服上,或者可能从偷来的汽车上沾到一点油污,或者从犯罪的现场带走一缕头发。使用原子放射性的活化分析能够鉴定这些微小的东西,而让他们俯首认罪。虽然不同人的头发含有少许相同的成份,但其所有的各种成份的数量却因人而异。

活化分析是原子能在工业界最

有意思的应用。当某物一经放射性照射，其每一种构成元素都会变为一种同位素，而且每一种同位素都有其独特的放射方式。

利用这种方法，科学家可以鉴别物体里的材料种类，以及每一种成份的精确数量。

放射性侦查

活化分析有两大优点，其中之一就是可在几分钟内准确无误地鉴定物质。若用过去的老方法，可能需要数天甚至数周的时间。

放射性同位素可用作一种检查工具，寻找飞机机身损坏的部位，和电气系统联接不良的地方。机身上有些部位不容易达到，但是使用放射性同位素如铯137可以进行检查，而且轻而易举。

放射性侦察还可以保护机器操作人员的安全。比如，冲压机操作人员的手可用放射性袖口来加以保护，当他没有及时把手抽出来的时候，机器便因放射线的关系而自动停止下来。

有些货箱在脱离生产线的时候，可以用放射性同位素来检查，如果一个货箱装得不好，在货箱经过两边分别设置有同位素和盖革计数器的通道时放射线增加，一只警告灯便亮了起来，或者可以调整机器，使之能适时地剔出包装不良的货箱。

放射性在工业上还有一种应用，即检验产品的质量和效果。以肥皂和洗涤剂为例。细菌小而又小，不用显微镜便无法看到它们。不过，如果用放射性同位素来培养细菌，它们都变得有放射性，可以很容易地用盖革计数器测出来。如果为了检查各种肥皂和洗涤剂的清洁能力，把放射性细菌放在衣服上，再各用不同的肥皂和洗涤剂清洗，测量残留的细菌就可以知道每一种肥皂和洗涤剂的好坏。

谁都知道,用放射性来治疗癌症是很有效的。美国的医生就曾用一种金属制的弹丸,使其具有放射性,然后利用特别的枪把弹丸射入根深蒂固的肿瘤里面。

割除癌性肿瘤后,外科医生用具有放射性的钴丝缝合创口,不仅可以起到一般缝合的作用,而且还有放疗杀癌细胞的功能,可谓一举两得。

使用放射性可追踪碳原子在生命过程的行踪。如让老鼠吃有放射性碳(碳14)的糖,则通过盖革计数器可侦察到糖的行踪。如果在老鼠的脂肪里找到了放射性的碳原子,就可以判断糖已经转化为脂肪了。

放射性同位素有时还帮助医生

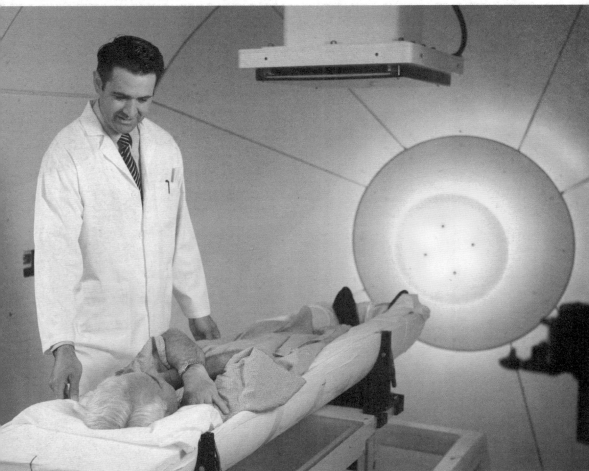

放射性治疗

做出重要的判断。一位妇女在一次意外的事件中压伤了手臂,正躺在一家医院的手术台上等候手术。但是外科医生必须尽快查明她的手臂里是否还有足够的血液循环经过,以便决定要不要做截肢手术。医生把放射性钠,以放射性食盐的形式掺进普通的食盐里面,注进了这名妇女的血管里,然后用盖革计数器进行追踪。结果显示,这条手臂尚有相当充分的血液循环存在。因此在几秒钟内,这种放射性同位素便使医生断定无须做截肢手术。

放射性同位素对诊断癌症也很有帮助。哈佛医学院和麻萨诸塞州的许多医院,都在使用一种"正子诊

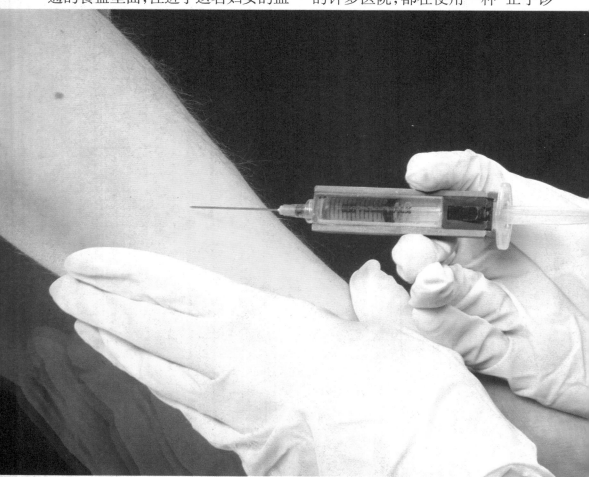

放射性钠注射

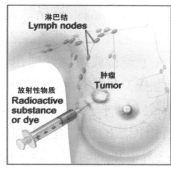 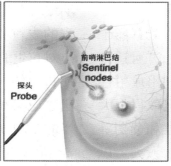 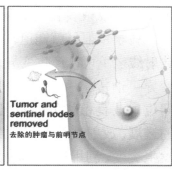

乳癌的放射性诊断

察机"来检查脑瘤,而不必开颅。将少量的放射性砷注射到患者的静脉里,几小时后,带有放射性标签的砷便在盖革计数器上显现出来,并显示出何处砷的数量最多。由于癌瘤比正常的组织吸收较多的放射性砷,在大多数情况下,医生都可以准确地判断癌瘤的大小和位置。而乳癌可以利用放射性钾来诊断,因为放射性钾集中于乳瘤的部分远比其他部位多。

显然,放射性不仅可以致人于死地,也能使病人从病痛中解脱出来。

随着生物技术的发展,放射性同位素在农业上也有广泛的应用。

全美国的农民每年用于肥料上的金钱要超过 1 000 万美元。放射性同位素可以指导他们如何利用这笔投资来获取更大的收益。对于每一种农作物,农民都可以利用放射性同位素确定何种肥料及多大施用量为最合适,并能确定施肥的最佳时机

和最佳方法。以前人们一直认为植物所有的养分都是由其根部吸收的,但是利用放射性同位素作示踪剂证明,事实并非如此。果树、番茄、马铃薯以及其他植物的叶也可以迅速有效地吸收肥料。根据这种情况,农民不仅把肥料施用于土地上,也喷洒在叶子上,这样植物对肥料的吸收量大约可增加 10 倍以上。使用放射性同

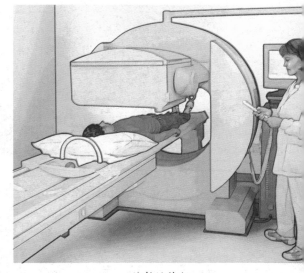

放射性诊断

位素还可以改良植物的品种。

科学家很早就知道,植物暴露于放射线之下可以产生变异,并且这种变异可遗传给下一代。利用放射性同位素改良植物的品种已取得很大的进展。放射线使苹果、梨和葡萄等发生突变。利用这些实验,人类可以随心所欲地得到色香味俱佳的水果和蔬菜。更进一步的研究表明,科学家利用反射性进行科学育种,使有些植物可以生长在干旱地带、有些植物可以生长在多雨地区。并且在不远的将来,无论是在高寒地带,还是在土壤贫瘠的地区,都会有适宜的农作物生长。

从事植物研究的科学家已经成功地培育出大麦的新品种,该品种大麦的麦粒和麦秆的产量都很高。通过对花生的种子进行放射性处理,能使每亩的产量提高 30%。此外,培育出适应某种需要的种子只需用一年半的时间,若用传统的植物育种的方法,至少要花费十年的时间,并耗用大量的资金。

放射线还是对付害虫的一种武器。雄性螺旋蝇经过钴照射后便不能生育,雌性螺旋蝇与失去生育能力的雄性螺旋蝇交配所产的卵便不能发育成虫。农业科学家已利用这种方法消灭了大量的害虫。

对于新问世的动物催肥剂是否对人体有害也可以用放射性做实验。

改良后的蔬菜

一种新型的供猪和鸡食用的催肥剂给猪和鸡吃了以后,可减慢其甲状腺的功能,从而使猪和鸡在同样食量的情况下,生长得又快又肥。但是,在猪的肌肉里,是否含有这种催肥剂的成份?人吃了这种肉后,是否会对身体健康有影响?在烤鸡和炒蛋里面是否也含有这种催肥剂呢？这是令人担忧的问题。但是，利用放射性实验得出的答案是否定的。农民可以安全地使用这种催肥剂来增加猪和鸡的重量。

利用药物可减缓动物甲状腺功能，对人体并不造成任何损害这一原理，科学家还使母牛的性情变得温和起来，并使之产更多的牛奶。

改良后的水果

我们正步入原子时代，人类走到了十字路口。一条路是把原子能所创造的奇迹用在和平的目的上，以谋求社会的进步。另一条路则通向地球上生命的死亡和毁灭，制造更大的

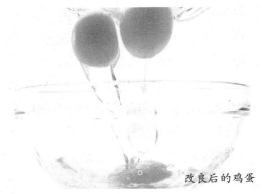
改良后的鸡蛋

更加可怕的炸弹。我们相信人类会选择前者，而不是后者。

◲ 第四代

第四代核能系统是一种具有更好的安全性、经济竞争力，核废物量少，可有效防止核扩散的先进核能系统，代表了先进核能系统的发展趋势和技术前沿。

1999 年 6 月，美国能源部 (Department of Energy, DOE) 核能、科学与技术办公室首次提出了第四代核电站(以下简称第四代核电)的倡议。2000 年 1 月，DOE 又发起、组织了由阿根廷、巴西、加拿大、法国、日本、韩国、南非、英国和美国等九个国家参

具有放射性的物质

数和中子数之和称该原子的质量数。

质子数 P 相同而中子数 N 不同的一些原子，或者说原子序数 Z 相同而原子质量数不同的一些原子，它们在化学元素周期表上占据同一个位置，称为同位素。所以，"同位素"一词用来确指某个元素的各种原子，它们具有相同的化学性质。同位素按其质量不同通常分为重同位素（如铀-238、铀-235、铀-234和铀-233）和轻同位素（如氢的同位素有氘、氚）。

在 50 多年前，科学家发现铀-235 原子核在吸收一个中子以后能分裂，同时放出 2—3 个中子和大量的能量，放出的能量比化学反应中释放出的能量大得多，这就是核裂变能，也就是我们所说的核能。

加的高级政府代表会议，就开发第四代核电的国际合作问题进行了讨论，并在发展核电方面达成了十点共识，其基本思想是：全世界（特别是发展中国家）为社会发展和改善全球生态环境需要发展核电；第三代核电还需改进；发展核电必须提高其经济性和安全性，并且必须减少废物，防止核扩散；核电技术要同核燃料循环统一考虑。会议决定成立高级技术专家组，对细节问题作进一步研究，并提出推荐性意见。

◣ 原子的组成

原子核一般是由质子和中子构成的，最简单的氢原子核只有一个质子，原子核中的质子数（即原子序数）决定了这个原子属于何种元素，质子

原子弹就是利用原子核裂变放出的能量起杀伤破坏作用，而核电反应堆也是利用这一原理获取能量，所不同的是，它是可以控制的。

两个较轻的原子核聚合成一个

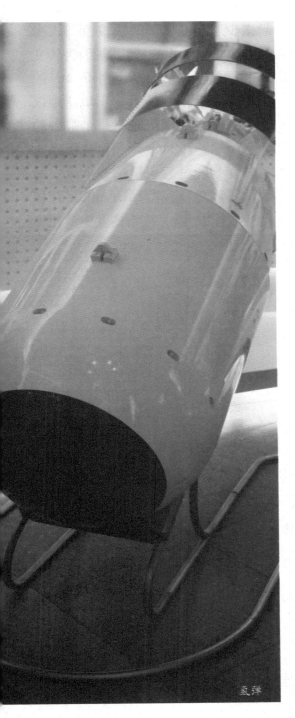

氢弹

较重的原子核，同时放出巨大的能量，这种反应叫轻核聚变反应。它是取得核能的重要途径之一。在太阳等恒星内部，因压力、温度极高，轻核才有足够的动能去克服静电斥力而发生持续的聚变。自持的核聚变反应必须在极高的压力和温度下进行，故称为"热核聚变反应"。

氢弹是利用氘氚原子核的聚变反应瞬间释放巨大能量起杀伤破坏作用，正在研究受控热核聚变反应装置也是应用这一基本原理，它与氢弹的最大不同是，其释放能量是可以被控制的。

铀是自然界中原子序数最大的元素，天然铀由几种同位素构成：除了 0.71% 的铀-235（235 是质量数）、微量铀-234 外，其余是铀-238，铀-235 原子核完全裂变放出的能量是同量煤完全燃烧放出能量的 2 700 000 倍。也就是说 1 克 U-235 完全裂变释放的能量相当于 2 吨半优质煤完全燃烧时所释放的能量。

核能的获得主要有两种途径，即重核裂变与轻核聚变。U-235，有一个特性，即当一个中子轰击它的原子核时，它能分裂成两个质量较小的原子核，同时产生 2—3 个中子和 β、γ 等射线，并释放出约 200 兆电子伏特的能量。

如果有一个新产生的中子,再去轰击另一个铀-235原子核,便引起新的裂变,以此类推,这样就使裂变反应不断地持续下去,这就是裂变链式反应,在链式反应中,核能就连续不断地释放出来。

与铀相同数量的轻核聚变时放出的能量要比铀大几倍。例如1克氚化锂(Li-6)完全反应所产生的能量约为1克铀-235裂变能量的三倍多。实现核聚变的条件十分苛刻,即需要使氢核处于几千万度以上高温才能使相当的核具有动能实现聚合反应。

例如,两辆完全相同的汽车,都是5吨,一辆在运动,一辆是静止的,如果运动的车一旦与静止的车发生碰撞,猛然停止时,动能虽然失去了,可我们发现,汽车在相撞处变得很热。这是什么原因呢?汽车的动能转变成了撞击点金属的热能。但是,原子能比化学反应中释放的热能要大将近5 000万倍:铀核裂变的这种原子能释放形式约为2亿电子伏特(一种能量单位),而碳的燃烧这种化学反应能量仅放出4.1电子伏特。原子能是怎样产生的呢?铀核裂变以后产生碎片,但所有这些碎片质量加起来少于裂变以前的铀核,那么,少掉的质量到哪里去了,就是因为转变成了原子能。爱因斯坦用 $E=mc^2$ 的公式来表示,即:能量等于质量乘以光速的平方。由于光速是个很大的数字(c=299792458 米每秒),所以质量转变为能量后会是个非常巨大的数量,释放的能量为 $\Delta E=\Delta mc^2$。在核反应过程中,原子核结构发生变化释

碳的燃烧

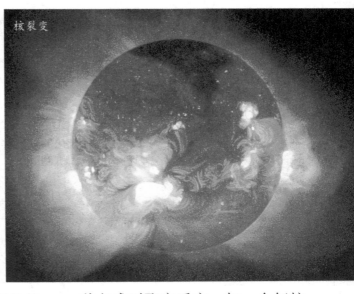

核裂变

放出的能量，又称核能，20世纪30年代末，科学家发现，用中子轰击铀原子核，一个入射中子能使一个铀核分裂成两块具有中等质量数的碎片，同时释放大量能量和两三个中子；这两三个中子又能引起其他铀核分裂，产生更多的中子，分裂更多的铀核。这样形成的自持链式反应，可在瞬间把铀核全部分裂，释放出巨额能量。铀-235可以被任何能量的中子特别是运动速度最慢的热中子分裂。铀-238只能被运动速度很快的快中子分裂，对慢中子和热中子则只俘获不分裂。通常所说的核裂变，主要指铀-235核分裂。一个铀-235核分裂释放的核裂变能为2亿电子伏特。这是原子核结构发生变化的一种方式，叫裂变反应。另外一种方式叫聚变反应。如一个氘核和一个氚核聚合成一个氦核释放出的核聚变能为1 760万电子伏特。以相同质量的反应物的释能大小作比较，核裂变能和核聚变能分别是化学能的250万倍和1 000万倍，1千克铀-235相当于2 500万千克煤，1千克氘和氚相当于1 000万千克煤。

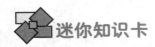 **迷你知识卡**

原子能与核能一样吗?

原子能，也叫核能。原子核核结构发生变化放出的能量，通常指重核(如铀，钚等)裂变和轻核(氘，氚等)聚变时所发出的巨大能量。

第2章 国际原子能机构

1. 机构简介
2. 153 个成员国组成
3. 银灰色现代化的建筑群
4. 机构的运作机制
5. 历任干事

机构简介

国际原子能机构是一个同联合国建立关系,并由世界各国政府在原子能领域进行科学技术合作的机构。总部设在奥地利的维也纳。现任总

干事天野之弥。组织机构包括大会、理事会和秘书处。2011 年 3 月 15 日,由于 3·11 日本本州岛海域地震引发福岛核电站多机组爆炸,日本政府已向国际原子能机构发出求助。

国际原子能机构是国际原子能

福岛核电站

第九届联合国大会

领域的政府间科学技术合作组织,同时兼管地区原子安全及测量检查,并由世界各国政府在原子能领域进行科学技术合作的机构。

在 1954 年 12 月第九届联合国大会通过决议,要求成立一个专门致力于和平利用原子能国际机构。经过两年筹备,有 82 个国家参加的规约会议于 1956 年 10 月 26 日通过了国际原子能机构(简称"机构")的《规约》。

1957 年 7 月 29 日,《规约》正式生效。同年 10 月,国际原子能机构召开首次全体会议,宣布机构正式成立。现任总干事天野之弥(日本人)

于 2009 年 12 月 1 日任职。总部位于奥地利维也纳。

国际原子能机构是一个同联合国建立关系,并由世界各国在原子能领域进行科学技术合作独立的政府间机构。

1954 年 12 月,第九届联合国大会通过决议,要求成立一个专门致力于和平利用原子能的国际机构。1956 年 10 月 26 日,来自世界 82 个国家的代表举行会议,通过了旨在保障监督和和平利用核能的国际原子能机构规约。1957 年 7 月 29 日,规约正式生效。同年 10 月,国际原子能机构召开首次全体会议,宣布

国际原子能机构

正式成立。

国际原子能机构的宗旨是谋求加速扩大原子能对全世界和平、健康和繁荣的贡献,确保由机构本身,或经机构请求,或在其监督管制下提供的援助不用于推进任何军事目的。

国际原子能机构规定,任何国家只要经过机构理事会推荐与大会批准,并交存对机构规约接受书,即可成为该机构成员国。截至 2010 年,国际原子能机构一共有 151 个成员国。

设在维也纳的国际原子能机构总部际原子能机构总部设在维也纳,组织机构包括大会、理事会和秘书处。大会由全体成员国组成,每年举行一次会议。理事会是决策机构,由 35 个国家的代表组成,每年举行四次会议。秘书处为执行机构,由总干事领导。总干事由理事会提名,大会批准,任期 4 年。现任总干事天野之弥,2009 年 12 月 1 日任职。

国际原子能机构自成立以来,在保障监督领域已与 140 多个国家和地区组织签订了全面保障监督协定及单项保障协定,并与拥有核武器国家分别缔结了自愿保障协定。

1984年中国政府向国际原子能机构递交接受规约的接受书,成为了该机构正式成员国。几十年来,中国参与了该机构一些国际公约制定工作,并与该机构签署一系列公约和协定。2009年4月,中国国家原子能机构主任陈求发和国际原子能机构总干事巴拉迪在北京签署共同声明。宣称双方机构决心做出进一步努力,加强双方在和平、安全和可靠地利用核能方面的合作,促进中国社会经济可持续发展。2010年8月16日,我国原子能机构与国际原子能机构签署了核安保合作协议,以进一步加强双方在核安保法规标准等方面的合作。

2011年3月,国际原子能机构理事会批准了一项新的多边核燃料供应方案,旨在满足那些没有能力生产核燃料的发展中国家和平利用核能的需要,同时降低核武器扩散的危险。

此前,国际原子能机构已经批准两项多边核燃料供应计划,其中该机构与俄罗斯合作建立的一座核燃料银行已经在俄西伯利亚地区启用,另

国际原子能机构

一个由国际原子能机构控制的核燃料银行方案也于 2010 年底在理事会会议上获得通过。

2011 年 11 月 21 日至 22 日，国际原子能机构在奥地利首都维也纳的国际原子能机构总部举行中东无核武论坛。

153 个成员国组成

任何国家不论是否为联合国的会员国或联合国专门机构的成员国，经机构理事会推荐并由大会批准入会后，交存对机构《规约》的接受书，即可成为该机构的成员国。截至 2012 年 2 月，机构共有 153 个成员国。

包括：美国、约旦、阿尔及利亚、安哥拉、阿根廷、亚美尼亚、奥地利、中国、克罗地亚、爱沙尼亚、埃塞俄比亚、格鲁吉亚、肯尼亚、拉脱维亚、利比亚、纳米比亚、俄罗斯、乌干达、保加利亚、利比里亚、卢森堡、斯洛伐

国际原子能机构成员国

国际原子能机构

克、智利、爱尔兰、葡萄牙、澳大利亚、以色列、尼日尔、委内瑞拉、古巴、厄瓜多尔、危地马拉、洪都拉斯、墨西哥、秘鲁、阿富汗、阿尔巴尼亚、阿塞拜疆、孟加拉国、白俄罗斯、比利时、伯利兹、贝宁、玻利维亚、波斯尼亚和黑塞哥维那、博茨瓦纳、巴西、布基纳法索、喀麦隆、加拿大、中非共和国、乍得、哥伦比亚、哥斯达黎加、塞浦路斯、捷克、丹麦、多米尼加共和国、埃及、萨尔瓦多、厄立特里亚、芬兰、法国、加蓬、德国、加纳、希腊、海地、匈牙利、冰岛、印度、印度尼西亚、伊朗、伊拉克、意大利、象牙海岸（科特迪瓦共和国）、牙买加、日本、哈萨克斯坦、科威特、吉尔吉斯斯坦、黎巴嫩、列支敦士登、立陶宛、马其顿、马达加斯加、马拉维、马来西亚、马里、马耳他、马绍尔群岛、毛里塔尼亚、毛里求斯、摩尔多瓦、摩纳哥、蒙古、黑山、摩洛哥、莫桑比克、缅甸、荷兰、新西兰、尼加拉瓜、尼日利亚、挪威、巴基斯坦、帕劳、巴拿马、巴拉圭、菲律宾、波兰、卡塔尔、罗马尼亚、沙特、塞内加尔、塞尔维亚、塞舌尔、塞拉利昂、新加坡、斯洛文尼亚、南非、西班牙、斯里兰卡、苏丹、瑞典、瑞士、叙利亚、塔吉克斯坦、坦桑尼亚、泰国、突尼斯、土耳其、乌克兰、阿拉伯联合酋长国、英

国际原子能机构

国、乌拉圭、乌兹别克斯坦、梵蒂冈、越南、也门、赞比亚、津巴布韦、刚果民主共和国、韩国。

◼ 银灰色现代化的建筑群

国际原子能机构总部设在奥地利的维也纳。现任总干事天野之弥于 2009 年 12 月 1 日任职。

国际原子能机构坐落在奥地利首都维也纳的联合国城是一组银灰色的现代化建筑群，由一幢圆柱形会议楼和 6 幢高度不一的办公楼组成。其中最高的一幢楼和旁边的另

一幢楼，就是国际原子能机构总部所在地。

国际原子能机构组织机构包括大会和理事会和秘书处。大会是由全体成员国代表组成，每一年召开一次会议；秘书处是执行机构，是由总干事领导，下设政策制定办公室和技术援助及合作司、核能和核安全司、行政管理司、研究和同位素司以及保障监督司；作为决策机构，理事会负责审查国际原子能机构预算、相关项目及成员国申请国，并向大会作出推荐。理事会的职责还包括批准相关

安全协定,任命总干事等。理事会每年改选一次，由大会指定和选举产生。在每届固定的 35 名成员中，11个成员由国际原子能机构大会指定，任期一年。这11个成员按地区分配，由各地区内核工业最发达的国家担任。其他 24 名成员由大会选出，任期两年。

1984 年，中国政府向国际原子能机构递交了接受规约的接受书，成为该机构正式成员国。几十年来，中国参与了该机构一些国际公约的制定工作，并与该机构签署了一系列公约和协定。

在 2005 年、诺贝尔和平奖授予国际原子能机构和该组织总干事穆罕默德·巴拉迪，以表彰他们在阻止核能在军事领域内的使用及在和平利用核能等方面做出的贡献。

◳ 机构的运作机制

国际原子能机构的组织机构包括大会、理事会和秘书处。大会由全体成员国代表组成，每年召开一次会议。秘书处为执行机构，是总干事领导，下设政策制定办公室与技术援助及合作司及核能和核安全司以及行政管理司、研究和同位素司以及保障监督司。作为决策机构，理事会负责审查国际原子能机构预算、相关项目

国际原子能机构

及成员国申请国，并向大会作出推荐。理事会的职责还包括批准相关安全协定，任命总干事等。理事会每年改选一次，由大会指定和选举产生。

在每届固定的 35 名成员中，11 个成员由国际原子能机构大会指定，任期一年。这 11 个成员按地区分配，由各地区内核工业最发达的国家担任。其他 24 名成员由大会选出，任期两年。

⊠ 历任干事

穆罕默德·巴拉迪 1942 年生于埃及。20 世纪 60 年代，他在开罗大学获得法律学士学位。1971 年和 1974 年，他又先后获得纽约大学国际法硕士学位和博士学位。

1964 年，年仅 22 岁的巴拉迪进入埃及外交部，开始其外交生涯。此后，他两次在埃及常驻联合国代表团任职。

1984 年，已积累了丰富国际组织工作经验的巴拉迪进入国际原子能机构秘书处工作。1984 至 1987 年，他先后担任国际原子能机构总干事驻联合国代表、国际原子能机构法律顾问和法律部主任、国际原子能机构对外关系部主任等职。由于工作出色，他 1993 年被任命为负责对外关系的助理总干事。1997 年 12 月 1 日，巴拉迪

穆罕默德·巴拉迪

萨达姆

巴拉迪会懂阿拉伯语、英语和法语。已婚，有一子一女。

1998 年 7 月和 2002 年 1 月曾来华访问。

穆罕默德·巴拉迪表示，他希望看到中东地区成为无核区，但以色列可能拥有 200 至 400 枚核弹头，巴拉迪却不打算视察以色列的任何核设施。相反的巴拉迪一直针对以色列以外的其他中东国家施加压，这使得阿拉伯国家普遍认为，总部设在美国纽约的国际原子能机构是根据美国与以色列的利益而行事的。2003 年 1 月 6 日，伊拉克总统萨达姆在全国电视演说中说，国际原子能机构核查人员正在利用核查搜集伊拉克科学家的姓名，以及要求视察各种军事设施，核查人员的这些活动"全部或者大多数"是"纯粹的情报工作"，可能是在为美国的入侵作准备。果然不久之后，伊拉克就遭到美国侵略。

经国际原子能机构全体大会正

接替前任瑞典人布利克斯，成为国际原子能机构总干事，2001 年 9 月获得连任。在此期间，他先后经历了伊拉克、伊朗和朝鲜核危机的严峻考验。2005 年 6 月，国际原子能机构理事会一致同意巴拉迪继续担任该机构总干事，任期为 4 年。

穆罕默德·巴拉迪

式批准后,天野之弥将从 2009 年 12 月起接替离任的穆罕默德·巴拉迪,成为国际原子能机构的新掌门人。

在国际原子能机构的历史上,这是日本人第一次出任总干事,也是亚洲人首次出任。不过,天野之弥的当选其实非常艰难。3 月的多轮投票中,他和来自南非的竞争者阿卜杜勒·明蒂双双"落马"。7 月初,又是经过两天 6 轮投票,他才勉强胜出。

可是,更艰难的局势还在等着这位 62 岁的日本籍"新官"。他当选不到两天,朝鲜就连续发射了 7 枚导弹。考虑到当前朝鲜核问题、伊朗核计划等的日益棘手,他未来将遭遇的尴尬和挑战还远不止这些。

天野之弥出生在日本神奈川县,属于二战后出生的一代。他毕业于著名的东京大学法律系,1972 年进入日本外务省工作。作为外交官,天

穆罕默德·巴拉迪

野之弥曾先后在日本驻华盛顿、布鲁塞尔、日内瓦和万象大使馆工作，并担任过日本驻法国马赛总领事馆总领事。

在外务省，天野之弥擅长处理国际裁军和核不扩散问题，曾经担任这些领域内的多个重要职务，包括分管裁军和核能的负责人。他还曾参与1995年延长《不扩散核武器条约》、1996年《全面禁止核试验条约》和2001年《禁止生物武器公约》的谈判，在裁军、防止核武器扩散、核能政策等方面经验丰富。

2005年，已是资深专家的他成为日本驻国际原子能机构大使和机构理事会成员。2005年至2006年，

天野之弥

他担任国际原子能机构理事会主席。
2005 年，诺贝尔和平奖颁给国际原
子能机构和该机构总干事巴拉迪，当
时，天野之弥代表国际原子能机构领
奖。

　　戴着金边眼镜的天野之弥处事
稳重、冷静，虽然比较沉默寡言，但决
断力很强，在日本国内深受重用。
2008 年 9 月 25 日，日本首相麻生太
郎在联合国演讲中表示，国际原子能
机构下任总干事的选举，日本将推举
天野之弥参选。

　　此后，天野之弥开始了迈向总干
事的新征程，不过，这条路他走得并
不顺。据国际原子能机构的有关规

麻生太朗

定，总干事候选人必须获得国际原子
能机构 35 个理事会成员国中至少三

国际原子能机构

分之二以上多数赞成,但在这年3月的投票中,天野之弥和南非外交家明蒂均未获得足够的支持票数。

经历了这一"难产"局面后,2011年7月2日,国际原子能机构理事会再次举行特别会议,天野之弥最终以23票赞成、11票反对、1票弃权的结果惊险胜出,被推举为新一届总干事人选。

好不容易当选了全球核管家,但天野之弥丝毫轻松不得,因为他还将面临一系列艰巨的挑战,首当其冲的就是要推动朝核和伊朗核问题的解决,尤其是在二者都出现倒退的形势下。

这年4月,朝鲜宣布停止与国际原子能机构的合作,并下令机构核查人员撤离,这样一来,国际原子能机构在朝核问题上实际陷入了"无事可干"的境地。此后,朝鲜又是进行地下核试验,又是多次发射导弹,导致朝鲜半岛局势日益紧张。眼下,国际社会正就朝鲜半岛无核化积极磋商,对话解决依旧是主流观点。但一直以来,在朝鲜半岛无核化问题上,日本态度都很强硬。作为日本籍总干事,天野之弥对朝鲜的态度尤其引人关注。

有观点认为,天野的日本人身份可能会使处理朝鲜核问题变得更加

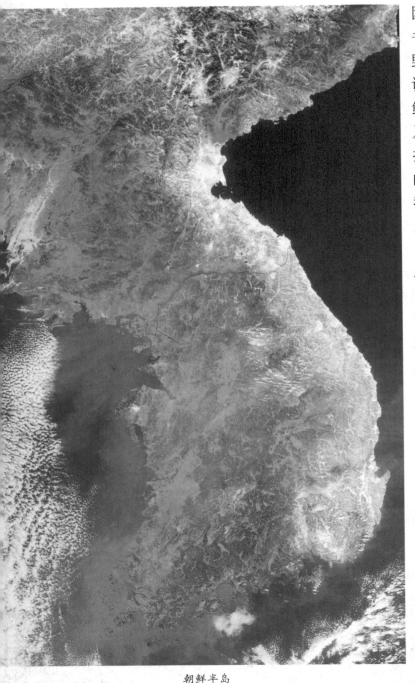

朝鲜半岛

困难,对此,联合国秘书长潘基文表示,对天野的能力有信心,他强调说:"国际社会对朝鲜和伊朗的核问题,以及(其他)核扩散感到担忧,国际原子能机构的作用变得更为重要。我想天野会成为一个出色的领导人。"

不过,潘基文的信心归信心,在目前朝核问题陷入僵局的情况下,如何采取措施重启朝鲜无核化,国际原子能机构能否在其中发挥更大的作用,都是对天野之弥的考验。

同样棘手的还有伊朗核计划。2011年7月3日,当被问及是否认为德黑兰在寻求发展核武时,天野之弥说:"在原子能机构的官方资料中,我没看到有关的任何证据。"这是他获得总干事候选人资格以来首次就伊朗核计划发表评论。

伊朗地理位置图

尽管有这样的表态，不少分析人士认为，鉴于天野之弥亲美国、亲西方的背景，在伊朗核问题上，他可能会比现任总干事、埃及人巴拉迪更强硬。巴拉迪自 1997 年起担任国际原子能机构总干事，但其领导的工作一直受到以色列等国家的指责。后者认为，巴拉迪在核问题上对伊朗和叙利亚有所偏袒，对伊朗从事的核活动采取过于宽松的态度，导致了伊朗问题停滞不前。

如何平衡各成员国关系。除了

处理好摆在国际社会面前的上述烫手山芋，如何平衡核大国、发达国家与发展中国家的关系，也是天野之弥要解决的一大问题。

事实上，此次国际原子能机构总干事的竞选背后，就是发达国家与发展中国家之间的激烈角力。在 3 月的投票中，发达国家支持天野，但发展中国家没有投票给他，所以他未能当选，即使在 7 月的投票中他也只是以微弱多数当选，这反映了发展中国家对他的不信任。

长期以来，发达国家和发展中国家在核问题上存在分歧。时下，围绕防扩散和推动和平利用核能问题，两派力量在涉及国际原子能机构工作的许多问题上都出现了明显的矛盾。

比如，发达国家

提出，为避免铀浓缩及核燃料后处理等敏感技术扩散，防止核材料等被恐怖分子利用，应由少数核国家承担浓缩铀的生产和后处理工作，并向有意

核燃料

日本的被炸后的惨状

自于一个曾经历过广岛和长崎原子弹爆炸的国家"。尽管上任后困难重重，但天野的当选有望缓和国际原子能机构的资金问题。美国和日本分别是该机构第一和第二大经费来源国，天野的日本人身份，自然会使资金问题更易解决。

发展核电的无核国家提供核燃料和后处理服务。但发展中国家则认为，这一做法无异于剥夺了无核国家全面掌握核技术的权利，违背了国际社会的公平原则。

值得一提的是，基于日本是全世界唯一核爆受害国的背景，天野之弥对于防止核扩散问题的立场一定程度上也会受此影响。天野之弥表示，坚决反对核武器的扩散，"因为我来

天野之弥

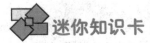 迷你知识卡

国际原子能机构的核心

国际原子能机构是一个同联合国建立关系并由世界各国政府在原子能领域进行科学技术合作的机构。

国际原子能机构的宗旨是加速扩大原子能对全世界和平、健康和繁荣的贡献，并确保由机构本身，或经机构请求、或在其监督管制下提供的援助不用于推进任何军事目的。

第3章 原子能的开发应用

1. 原子能电池
2. 原子能发电
3. 原子弹
4. 核潜艇

原子能电池

　　放射性同位素电池也被叫做放射性同位素温差发电器或原子能电池。这种温差发电器是由一些性能优异的半导体材料,如碲化铋、碲化铅、锗硅合金和硒族化合物等,把许多材料串联起来组成。另外还得有一个合适的热源和换能器,在热源和换能器之间形成温差才可发电。

放射性同位素热电发生器

放射性同位素电池的热源是放射性同位素。它们在蜕变过程中会不断以具有热能的射线的形式，向外放出比一般物质大得多的能量。这种很大的能量有两个令人喜爱的特点。一是蜕变时放

放射性同位素热电发生器

出的能量大小、速度，不受外界环境中的温度、化学反应、压力、电磁场的影响，因此，核电池以抗干扰性强和工作准确可靠而著称。另一个特点是蜕变时间很长，这决定了放射性同位素电池可长期使用。放射性同位素电池采用的放射性同位素来主要有锶-90（半衰期为28年）、钚-238（半衰期89.6年）、钋-210（半衰期为138.4天）等长半衰期的同位素。将它制成圆柱形电池。燃料放在电池中心，周围用热电元件包覆，放射性同位素发射高能量的α射线，在热电元件中将热量转化成电流。

放射性同位素电池的核心是换能器。目前常用的换能器叫静态热电换能器，它利用热电偶的原理在不同的金属中产生电位差，从而发电。它的优点是可以做得很小，只是效率颇低，热利用率只有10%～20%，大部分热能被浪费掉。

在外形上，放射性同位素电池虽有多种形状，但最外部分都由合金制成，起保护电池和散热的作用。次外层是辐射屏蔽层，防止辐射线泄漏出来。第三层就是换能器了，在这里热能被转换成电能，最后是电池的心脏部分，放射性同位素原子在这里不断地发生蜕变并放出热量。

美国发射的第一颗人造卫星

第一个放射性同位素电池是在 1959 年 1 月 16 日由美国人制成的,它重 1 800 克,在 280 天内可发出 11.6 度电。在此之后,核电池的发展颇快。

1961 年美国发射的第一颗人造卫星"探险者 1 号",上面的无线电发报机就是由核电池供电的。1976 年,美国的"海盗 1 号"、"海盗 2 号"两艘宇宙飞船先后在火星上着陆,在短短 5 个月中得到的火星情况,比以往人类历史上所积累的全部情况还要多,它们的工作电源也是放射性同位素电池。因为火星表面温度的昼夜差超过 100 度,如此巨大的温差,一般化学电池是无法工作的。

大海的深处,也是放射性同位素电池的用武之地。在深海里,太阳能电池根本派不上用场,燃料电池和其他化学电池的使用寿命又太短,所以只得派核电池去了。例如,现在已用它作海底潜艇导航信标,能保证航标每隔几秒钟闪光一次，几十年内可以不换电池。人们还将核电池用作水下监听器的电源，用来监听敌方潜水艇的活动。还有的将核电池用作海底电缆的中继站电源，它既能耐五六千米深海的高压，安全可靠地工作，又少花费成本，令人十分称心。

在医学上，放射性同位素电池已用于心脏起搏器和人工心脏。它们的能源要求精细可靠，以便能放入患者胸腔内长期使用。以前在无法解决能源问题时，人们只能把能源放在体外，但连结体外到体内的管线却成了重要的感染渠道，很是使人头疼。现在可好了，眼下植入人体内的微型核电池以钽铂合金作外壳，内装150毫克钚-238，整个电池只有160克重，体积仅18立方厘米。它可以连续使用10年以上。

1969年7月21日，人类第一次成功地登上月球，使用的是阿波罗11号飞船。在月球表面的"静海区"着陆之后，进行了一系列科学实验，例如采集岩石样品、测定太阳风等

人类第一次登月

等。很多人或许还能记得,当时人们都在屏住呼吸从电视屏幕上观看人类第一次登上月球的情景,观看船长阿姆斯特隆和飞行员奥德林在月面上手舞足蹈的动人场面。

在阿波罗 11 号飞船上,安装了两个放射性同位素装置,其热功率为 15 瓦,用的燃料为钚-238。但是,阿波罗 11 号上的放射性同位素装置是供飞船在月面上过夜时取暖用的,也

就是说它仅仅用于提供热源。所以,该装置又叫做 ALRH (Lunar RI Heater) 装置,意思是阿波罗在月球上用的放射性同位素发热器。但是,在后来发射的用于探索月面的阿波罗宇宙飞船上,安装的放射性同位素装置全部是为了发电用的。这就是 SNAP-27A 装置。它用的燃料是钚-238,设计的电输出功率为 63.5 瓦,整个装置重量为 31 千克,设计寿

放射性同位素热电发生器

飞船

命为一年。主要是用于阿波罗月面探查的一系列科学实验。月球上的一天等于地球上的 27 天。黑夜的时间占一半,一夜约为地球上的两周。太阳电池在黑夜期间完全停止工作。

与此同时,处于背阳的月面,其温度会急剧下降好几百度,从酷热一下变成了严寒的世界。为了使卫星上的地震仪、磁场仪以及其它机械能正常工作,必须利用余热进行保温。在阿波罗 12 号飞船上首次装载的放射性同位素电池——SNAP-27A 装置,其寿命远远超过设计时考虑的一年,并能连续供给 70 瓦以上的电力,完全符合预期的设计要求。由于这一实验获得成功。后来在 1970 年发射的阿波罗 14 号以及随后的阿彼罗 15 号、16 号、17 号等飞船上都相继安装了 SNAP-27A 装置。

放射性同位素电池极其贵重,而且使用钚-238 的放射性同位素电池中国还不能生产。当中国从俄罗斯买过一枚放射性同位素电池,大小相当于 2 节干电池,输出功率 500 兆瓦,可以连续输出 200 多年,当时买来的价格折合 3 000 万元人民币。科学家在严密的防护下打开它,结构看起来很简单,但是研究了几年也没有结果,不知道怎么做出来的。

中国第一个钚-238 同位素电池已在中国原子能科学研究院诞生了,同位素电池的研制成功填补了中国长期以来在该研究领域的空白,标志着中国在核电源系统研究上迈出了重要的一步。同位素电池是利用放射性同位素衰变过程释放的热能,通过热电偶转换成电能,具有尺寸小、重量轻、性能稳定可靠、工作寿命长、

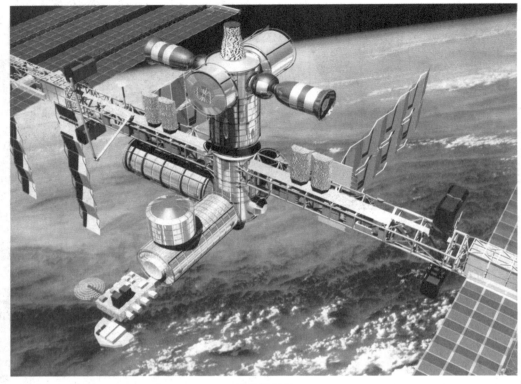

航天器仪器

环境耐受性好等特点,能为空间及各种特殊、恶劣环境条件下的高空、地面、海上和海底的自动观察站或信号站等提供能源。同位素电池在美、俄等国已实际应用,用于航天器的能源供应。

随着中国空间探测的进一步发展(包括"登月计划"的启动)以及未来深空探测的需求,为中国航天器提供稳定、持久的能源已提到议事日程上来,作为迄今为止航天器仪器、设备最理想供电来源的同位素电池成为航天技术进步的重要标志,掌握同位素电池制备的一系列关键技术并具备自主研制生产能力显得尤为重要。2004 年,原子能院同位素所承担了"百毫瓦级钚-238 同位素电池研制"任务,在两年时间里要完成总体设计和一系列相关工艺研究,研制出样品。

同位素所和协作单位并按制定的研究方案开展了大量的模拟实验、示踪实验、热实验等工作。最终检测表明电池性能完全达到了技术指标要求,辐射防护检测的各项指标均符合国家安全要求。中国第一个钚-238同位素电池诞生了。中国第一个钚-238同位素电池的研制成功是中国在核电源系统研究领域的重大突破,为继续探索、开发空间能源打下了坚实的基础。

◤ 原子能发电

核能发电是利用核反应堆中核裂变所释放出的热能进行发电,它是实现低碳发电的一种重要方式。国际原子能机构 2011 年 1 月公布的数据显示,全球正在运行的核电机组共 442 座,核电发电量约占全球发电总量的 16%。拥有核电机组最多的国家依次为:美国、法国、日本和俄罗斯。

核能发电利用铀燃料进行核分裂连锁反应所产生的热,将水加热成高温高压,核反应所放出的热量较燃烧化石燃料所放出的能量要高很多(相差约百万倍),而所需要的燃料体积与火力电厂相比少很多。核能发电所使用的的铀-235 纯度只约占 3%~4%,其余皆为无法产生核分裂的铀-238。

举例而言,核电厂每年要用掉 5 万千克的核燃料,只要 2 支标准货柜就可以运载。如果换成燃煤,则需要 51.5 亿千克,每天要用 2 万千克的大卡车运 705 车才够。如果使用天然气,需要 14.3 亿千克,相当于每天烧掉 20 万桶家用瓦斯。换算起来,刚好接近全台湾 692 万户的瓦斯。

核能发电的历史与动力堆的发展历史密切相关。动力堆的发展最初是出于军事需要。1954 年,前苏

核电厂

联建成世界上第一座装机容量为 5
兆瓦(电)的核电站。英、美等国也相
继建成各种类型的核电站。到 1960
年,有 5 个国家建成 20 座核电站,装
机容量 1279 兆瓦(电)。由于核浓缩
技术的发展,到 1966 年,核能发电的
成本已低于火力发电的成本。核能
发电真正迈入实用阶段。1978 年全
世界 22 个国家和地区正在运行的 30
兆瓦 (电) 以上的核电站反应堆已达
200 多座,总装机容量已达 107 776 兆
瓦(电)。80 年代因化石能源短缺日
益突出,核能发电的进展更快。到
1991 年,全世界近 30 个国家和地区
建成的核电机组为 423 套,总容量为
3.275 亿千瓦,其发电量占全世界总

核电站

发电量的约 16%。世界上第一座核
电站是前苏联奥布宁斯克核电站。

中国大陆的核电起步较晚,80
年代才动工兴建核电站。中国自行
设计建造的 30 万千瓦(电)秦山核电
站在 1991 年底投入运行。大亚湾核
电站于 1987 年开工,于 1994 年全部
并网发电。

核能发电
的能量来自核
反应堆中可裂
变材料（核燃
料）进行裂变反
应所释放的裂
变能。裂变反
应指铀-235、
钚-239、铀-233
等重元素在中
子作用下分裂
为两个碎片,同

核电站

秦山核电站

时放出中子和大量能量的过程。反应中,可裂变物的原子核吸收一个中子后发生裂变并放出两三个中子。若这些中子除去消耗,至少有一个中子能引起另一个原子核裂变,使裂变自持地进行,则这种反应称为链式裂变反应。实现链式反应是核能发电的前提。

世界上有比较丰富的核资源,核燃料有铀、钍氘、锂、硼等等,世界上铀的储量约为41.7亿千克。地球上可供开发的核燃料资源,可提供的能量是矿石燃料的十多万倍。核能应用作为缓和世界能源危机的一种经济有效的措施有许多的优点,其一核燃料具有许多优点,如体积小而能量大,核能比化学能大几百万倍。1 000克铀释放的能量相当于240万千克标准煤释放的能量。一座100万千瓦的大型烧煤电站,每年需要原煤30亿～40亿千克,运这些煤需要2 760列火车,相当于每天8列火车,还要运走400亿千克灰渣。同功率的压水堆核电站,一年仅耗铀含量为3%的低浓缩铀燃料 2.8 万千克;每一磅铀的成本,约为20美元,换算成1千瓦发电经费是0.001美元左右,这和目前的传统发电成本比较,便宜许多。而且,由于核燃料的运输量小,所以核电站就可建在最需要的工业区附近。核电站的基本建设投资一般是同等火电站的一倍半到两倍,不过它的核燃料

核电站

费用却要比煤便宜得多,运行维修费用也比火电站少,如果掌握了核聚变反应技术,使用海水作燃料,则更是取之不尽,用之方便。其二是污染少。火电站不断地向大气里排放二氧化硫和氧化氮等有害物质,同时煤里的少量铀、钍和镭等放射性物质,也会随着烟尘飘落到火电站的周围,污染环境。而核电站设置了层层屏障,基本上不排放污染环境的物质,就是放射性污染也比烧煤电站少得多。据统计,核电站正常运行的时候,一年给居民带来的放射性影响,还不到一次 X 光透视所受的剂量。其三是安全性强。从第一座核电站建成以来,全世界投入运行的核电站达 400 多座,30 多年来基本上是安全正常的。虽然有 1979 年美国三里岛压水堆核电站事故和 1986 年前苏联切尔诺贝利石墨沸水堆核电站事故,但这两次事故都是由于人为因素造成的。随着压水堆的进一步改进,核电站有可能会变得更加安全。

利用核反应堆中核裂变所释放出的热能进行发电的方式。它与火力发电极其相似。只是以核反应堆

核电站

切尔诺贝利石墨沸水堆核电站

及蒸汽发生器来代替火力发电的锅炉,以核裂变能代替矿物燃料的化学能。除沸水堆外(见轻水堆),其他类型的动力堆都是一回路的冷却剂通过堆心加热,在蒸汽发生器中将热量传给二回路或三回路的水,然后形成蒸汽推动汽轮发电机。沸水堆则是一回路的冷却剂通过堆心加热变成 70 个大气压左右的饱和蒸汽,经汽水分离并干燥后直接推动汽轮发电机。

(1)核能发电不像化石燃料发电那样排放巨量的污染物质到大气中,因此核能发电不会造成空气污染。(2)核能发电不会产生加重地球温室效应的二氧化碳。(3)核能发电所使用的铀燃料,除了发电外,没有其他的用途。(4)核燃料能量密度比起化石燃料高上几百万倍,故核能电厂所使用的燃料体积小,运输与储存都很方便,一座 1 000 百万瓦的核能电厂一年只需 3 万千克的铀燃料,一航次的飞机就可以完成运送。(5)核能发电的成本中,燃料费用所占的比例较

风力发电

低,核能发电的成本较不易受到国际经济情势影响,故发电成本较其他发电方法较为稳定。

2008 年,中国统一明确了鼓励核电发展的税收政策。积极推进核电建设,将改善中国的能源供应结构,保障能源安全和经济安全,保护环境。

中国正在加大能源结构调整力度。积极发展核电、风电、水电等清洁优质能源已刻不容缓。中国能源结构仍以煤炭为主体,清洁优质能源的比重偏低。

官方正计划调整核电中长期发展规划,加快沿海核电发展,力争 2020 年核电占电力总装机比例达到百分之五以上。之前在核电规划中,核电比重为百分之四。

中国目前建成和在建的核电站总装机容量为 870 万千瓦,预计到 2010 年中国核电装机容量约为 2 000 万千瓦,2020 年约为 4 000 万千瓦。到 2050 年,根据不同部门的估算,中国核电装机容量可以分为高中低三种方案:高方案为 3.6 亿千瓦(约占中国电力总装机容量的

30%)，中方案为 2.4 亿千瓦(约占中国电力总装机容量的 20%)，低方案为 1.2 亿千瓦(约占中国电力总装机容量的 10%)。

中国国家发展改革委员会正在制定中国核电发展民用工业规划，准备到 2020 年中国电力总装机容量预计为 9 亿千瓦时，核电的比重将占电力总容量的 4%，即是中国核电在 2020 年时将为 3 600 ~ 4 000 万千瓦。也就是说，到 2020 年中国将建成 40 座相当于大亚湾那样的百万千瓦级的核电站。

从核电发展总趋势来看，中国核电发展的技术路线和战略路线早已明确并正在执行，当前发展压水堆，中期发展快中子堆，远期发展聚变堆。具体地说就是，近期发展热中子反应堆核电站，为了充分利用铀资源，采用铀钍循环的技术路线，中期发展快中子增殖反应堆核电站，远期发展聚变堆核电站，从而基本上"永远"解决能源需求的矛盾。

经济性以发电成本衡量。构成核能发电成本的因素很多，包括基建投资费用、安全防护费用、核燃料费

大亚湾核电站

用,以及核电站退役处理费用。核电发展初期,不仅基建投资费用昂贵,核燃料生产过程复杂,需要庞大的设备,加上特殊的安全措施需要,核能发电成本高于火电成本 1 倍以上。到 60 年代,核能发电成本已接近火电成本。到 80 年代,核电的成本已低于火电。据美国 1984 年统计,核电成本为每千瓦时 2.7 美分,而燃煤的发电成本为每千瓦时 3.2 美分,燃油发电成本为每千瓦时 6.9 美分。

核电成本随各国经济发展水平、科学技术水平而异,以上所列均为核电发展水平较高的国家的数据。核能发电的成本虽然有了很大降低,但近年来发现核电站退役处理的费用远比早先预计的为高。因此,核电的总成本还应有所增加。

中国核能发电的发展 2008 年中国将开工建设福建宁德、福清和广东阳江三个核电项目。

在随后的几年中,随着各项设计工作陆续到位,各方将为这三个工程投下上千亿元人民币。不过,这所有的一切也仅仅是中国"核电强国"梦想的开端,因为根据中国核电产业发展规划,到 2020 年中国核电总装机容量达到 4 000 万千瓦,在建 1 800 万千瓦。这意味着,在今后的十多年间,中国平均每年要开工建设 3 ~ 4 台百万千瓦级的核电机组,这在历史上绝无仅有。

而在此蓝图下,在未来十多年中,中国将投下至少 4 500 亿元人民币。与此同时,中国在预计花费百亿

核能发电

核电站

元人民币把国外的第三代核电技术引进中国,并在此基础上自主创新。

其实,中国开描"核电蓝图"并不是一时的冲动。在能源紧缺的大背景下,核电成为了最现实的选择。在未来的中国,从沿海的广东、浙江、福建到内陆的湖北、湖南、江西,几十座核电站将拔地而起。

能源危机的紧迫性何在?中国科学院院士、核反应堆工程专家王大中曾用一组数据作出过说明:中国已成为世界第二大能源生产与消费国、第一大煤炭生产与消费国、第二大石油消费国及石油进口国、第二大电力生产国。

根据 2020 年中国 GDP 翻两番的发展目标估计,国内约需发电装机容量 8 亿～9 亿千瓦,而已有装机容量仅为 4 亿千瓦。但在现有的发电结构中,单煤电就占了其中的 74%。这也意味着若电力需求再翻一番,每年用煤就将超过 1 600 亿千克,而长距离的煤炭输送将加剧环境和运输压力。另外,在今年年初南方的冰灾中,光是因交通运输困难,电煤供应紧张,造成的缺煤停机超过 3 700 万

热电厂

千瓦，19 个省区拉闸限电。而如此大电煤消耗，二氧化硫和烟尘排放量每年分别新增 50 亿千克和 532.6 亿千克以上。

另外，水电受到客观条件的限制，其开发难度相当大。而太阳能、生物能等可再生能源开发遇到核心技术的瓶颈，其使用成本极高。因此，在未来的 30 年内，这些新能源不具备成为中国主力能源的条件。所以，清洁、高效的核电成了备选。

1957 年，人类开始建设核电站并利用核能发电，到现在，核电约占全世界电力的 16%。

但自 1986 年前苏联发生切尔诺贝利核电站核燃料泄漏事件以来，核电成了许多人心中的恶魔，中国也不例外。全球核电业就开始进入低潮。

根据国际原子能机构的统计，2000年年底，全球正在运行的核动力堆共有438座，到了2003年3月，增加至441座，仅增3座。

但现实的能源危机改变了这一切。在能源危机的背景下，人们对生存的渴求战胜了对恐惧的担忧，欧美国家被冻结30多年的核电计划也纷纷解冻。而此间，受多种因素的影响，中国的核电发展战略也正在由"适度"转向"积极"。

在过去的30多年中，虽然是采取单个安排、分散建设的形式进行，在筹建个别核电项目时从来没有放到全国电力规划的大框架下考量，但中国仍是世界上少数拥有比较完整核工业体系的国家之一，在谈及中国核电发展历程时，有关部门说。不过，这一背景在当时切合了中国一直贯彻"适度发展"的战略。

这期间，中国核电工业历史上最具标志性的事情在广东电力设计研究院的参与下完成。2005年，在时任国务院副总理曾培炎的主持下，岭澳二期核电项目相关设计合同签署。这标志着中国已具备了百万千瓦级大型核电站的设计能力。这一次，在常规岛的设计项目上，广东电力设计研究院揽下了近3亿元人民币的设计合同，要是交给外国人，光设计费起码就得12亿元。

煤炭发电厂

但在唐红键看来,中国核电发展战略的转型迹象早已显现。在2003年11月,国家核电领导办公室就改成了国家核电自主化工作领导小组,大力发展核电的思路可以说已初见端倪。

到了2004年9月1日,中国国防科工委副主任、国家原子能机构主任张华祝在国务院新闻办新闻发布会上透露,中国政府对进一步推动核电发展作出了新的决策,将加快核能发展,逐步提高核能在能源供应总量中的比例。

从"适度发展"到"加快发展",中国核电工业走过了30年。而在此期

间法国核电发电量占到了其国内总发电量的78%,日本占国内总发电量的30%。相比之下,中国核电只占2%,实在是少得可怜。

截至目前,中国已建成投产4个核电站,11台机组,装机842万千瓦。此外,全国已经开工建设的有22台机组。而从20世纪50年代以来,世界各国共建造了440多个核电站,发电量已占世界总发电量的16%。因此,要想填平鸿沟,中国注定有许多路要走。

但随着2007年11月2日,国家发改委正式对外发布中国《核电发展专题规划(2005—2020年)》,中国核电产业发展目标逐渐清晰。

《规划》确定,到2020年,中国核电运行装机容量争取达到4 000万千瓦,核电年发电量达2 600亿~2 800亿千瓦时。在目前在建和运行核电容量1 696.8万千瓦基础上,新投产核电装机容量约2 300万千瓦。同时,考虑核电的后续发展,2020年末在建

大型核电站

核电容量应保持 1 800 万千瓦左右。

这就是说,如果规划得以实施,核电将占中国全部发电装机容量的 4% 左右,发电量占全国发电量的 6%。这也意味着,在未来十几年间,将新开工建设 30 台以上的百万千瓦级核电机组。

其实,在此时,国际核电发展大环境已经降温,而中国新近宣布发展核电,在国外许多人看来扮演了"填

核电站

核电厂

空者"的角色，一跃成为未来10年全球最大的新增核电市场。国际原子能机构前总干事布利克斯认为，中国核电发展的形势对世界核电工业是个巨大的鼓舞。

既然不是纸上谈兵，那么规划了就意味着投入。与核能"高贵"的身份相衬，目前，核电厂的造价也同样"高高在上"。目前，火电每千瓦投资为4 000元，而核电投资为

1 330～2 000美元，约合人民币为1.1万～1.65万元，两者相差高达2.75～4.1倍。另外，核电建设周期相对较长，其建设周期一般为70个月（约6年），如果控制不好，将达到80～90个月。与此相对，火电一般为30多个月。

因此有专家估计，为了完成这些投资将耗费至少5 000亿元人民币。这个数目与规划中的估算大抵相当，

按照15年内新开工建设和投产的核电建设规模大致估算,核电项目建设资金需求总量约为4500亿元人民币。不过,这只是核电站的建设费用,核燃料的采购和核废料处理等其他费用并不包括其中。

还有一个问题是,目前的形势下,"涨价"可能将是中国不得不面对的问题。俄罗斯核能建设与出口公司代表耶西波娃曾表示,新的核电项目的合同价格已经不可能跟十年前签署的田湾一期项目一样了。根据俄方专家的预测,未来5年,与核电建设相关的设备和主要原料等价格将上涨200%。

4500亿元,绝对是笔大生意!在无数看客注目的同时,各地政府首先动了凡心。

此间,内陆各省为了争上内陆第一核电站而拼得"头破血流"。毕竟,不管是从能源供应还是经济发展角度,核电的诱惑实在无法抵挡。相关资料显示,目前全国已有21个省、市提出要上马核电项目,据说很多省已为此努力了十多年。

在所有这些争上核电的内陆省份中,热情最高的莫过于湖北、湖南和江西。

有种说法是,湖南早在上世纪80年代就开始核电站的相关研

建设中的核电站

究与申请，湖北在 1988 年已经开始核电的前期准备工作。

不过，这些省份真正表达要上马核电意图是 2005 年。在那年的全国两会期间，湖南、湖北、四川等省份的代表团都谈到了本省发展核电的迫切愿望。但当时，这些内陆省份的申请，国家发改委一个都没批。因此，为了建设"内陆第一个核电站"，各省份开始极力游说甚至"明争暗斗"。

"最冲动的首先是地方政府，一个核电站投资几百亿元，只要建在那，不管谁来投资，几百亿元投

进去了，经济肯定发展起来了。"唐红键说。

按照唐红键的说法，过去中国的核电站之所以大多建在沿海地区，一是因为核电站需要大量的水进行冷却，而靠近大海水资源丰富，大型核电机组运输也比较便利，二是沿海地区经济发达，能够承受数百亿元的投资，以及适当的高电价。事实上，许多西方国家的核电项目，大部分都建在内陆河边。

因此，在中国积极发展核电的背景下，内陆一些水资源丰富、三面环

湖北

在沿海地区选址的核电站

山、一面是水的核电站选址也被提上了议事日程。在今年全国两会期间，时任国家发改委副主任的张国宝曾表示，国家已允许内陆地区的湖南、湖北、江西三省以三代核电技术为基础开展核电站建设的前期准备工作。

只是，就目前而言，要真正建立内陆第一座核电站，还需等待。因为按照去年制定的国家核电中长期发展规划，在未来的13年中，中国将新增投产的2300万千瓦核电站中，主要安排在浙江、江苏、广东、山东、辽宁和福建6个沿海省兴建，而且早先已经在这几个省确定了13个优先选择的厂址。《规划》甚至明确，中西部多个省份期待已久的中国首个内陆核电站开工建设时间被排在了2016年（"十三五"开始）以后。

核电站

　　总的来说，在能源经济方面看来，发展核电不能盲目。要使核能在促进我国社会、经济、环境协调发展方面起作用。需要考虑的因素众多，如核电站布局、核电技术、核电人才等。我国的核电技术储备力量不足，应该积极引进技术，开发新一代核电技术，如快中子堆、高温气冷堆等。同时要加强核电科学相关基础技术的研究和开发,进而能够形成自主知识产权，提高我国核电的综合竞争力,我国核电起步较晚，且由于过去20 年全世界核电低潮以及其他原因。导致我国核能人力资源的缺乏，为满足核电的需求，特别是在2020年能够实现核电的战略目标。迫切需求大批核电人才，这就要求国家相关单位加快核电人才的培养。只有

TUSHUO YUANZINENG DE KAIFA

全面考虑了核电发展的影响因素,核电才能积极健康地发展。

2011 年,日本福岛核电站事故影响了全球核电发展的步伐。当年德国和日本共减少了 180 太瓦时的核能发电量,核能发电占全球发电总量的比例下降为 12%。此外,福岛核事故也促使一些国家纷纷重新审视和调整了各自的核电政策。

2011 年,德国宣布所有的核电站都将按计划在 2022 年全部停运,它将成为近 25 年来首个放弃核能发电的主要工业化国家,意大利和瑞士也相继宣布将全面放弃核电。2012年 9 月,日本政府在其出台的"可再生能源及环境战略"草案中,提出"早日摆脱依赖核电"的目标。计划分两个阶段实现"零核电",2030 年核电发电比例低于 15%,此后再力争废除核电。

美国、法国等国家则坚持发展核电的既定方针。美国核管理委员会提

出了一系列建议,希望核电站有能力应对超出原设计标准的意外情况,包括长时间电力中断和多座反应堆同时受损。2012 年 2 月,该委员会批准佐治亚州一座核电站可修建两个新的核反应堆,这是美国 30 多年来首次批准新建核反应堆。法国的核电占全国用电量的 75%,是世界上核电使用比例最高的国家。法国政府表示不会放弃核电,认为采用核电是确保其能源独立必不可少的条件。英国也坚持继续发展核电。在其最新提出的核电建设计划中,准备新建总装机容量达 1 600 万千瓦的核电站,并计划在 2050 年之前重新建设22 座反应堆,以替代目前正在运行

日本福岛核电站事故现场

的 20 个反应堆。俄罗斯国内 18% 的电力供应来自核电，预计到 2020 年俄罗斯的核电装机将在目前的基础上增加一倍。印度核能发电目前占全国电力供应的 3%，它计划 2030 年将这一比例提高到 13%，2050 年达到 25%。

核电站的安全性和核能发电的成本是制约核电发展的两个重要因素。在美国，一座核电厂的正常运营成本是每兆瓦时 23 美元，其中包括每兆瓦时 1 美元的核废料基金，用于支付核燃料处理费用。据估算，每座核电厂退役的成本为 5 000 万美元，其中包括废弃核燃料处置费用和核电站现场恢复费用。尽管核能发电存在潜在的安全隐患，甚至可能涉及核武器扩散问题，但面对全球变暖带来的严峻挑战，人类依然需要以积极稳妥的方式发展核电。

第三代核能发电厂较之前的核电厂更为安全可靠。一旦核反应堆发生紧急关闭的情况，在无法从外部获得应急电力和冷却水的情况下，新反应堆可以安全地冷却 3 天。其最终目标是实现被动式安全，在反应堆

英国核电站

天然气发电站

突然关闭时不需要外界的主动控制就可以基本保证反应堆的安全。

新建核电厂的均化成本约为每兆瓦时 100 到 120 美元,虽与天然气发电相比缺乏竞争力,但低于配备 CCS 技术的化石燃料电厂的成本。另一个挑战是,一座发电量为 1 000 兆瓦到 1 500 兆瓦的反应堆在配置冷却系统和电力配送设备后的体积较大。这种核发应堆的建设成本包括核工程设计费、采购和建造费、运营和维护费以及退役处理费等,每千瓦容量的平均成本约为 6 000 ~ 6 600 美元,相当于天然气发电平均成本的 6 倍。因此,建造这样一座核反应堆的总造价大约为 60 亿到 100 亿美元。此外,巨大的财务风险、建造风险和运营许可证被耽搁等因素都会增加核电厂的建设成本。

应美国核管制委员会的要求,目前美能源部积极推进装机容量为 80 到 300 百万瓦的小型模块化核反应堆开发和设计认证的研究。采用这种核反应堆,利用核能的方式可以更

原子弹爆炸

加安全。未来的核电厂可以由十几个经济可靠型的小型模块化反应堆组成,而不是采用以前一次性建造一个大型核反应堆的做法。与此同时,随着获得核电站运营许可证和建造工期延误等方面风险的减少,发展中小型核反应堆可能代表未来核电发展的一种新模式。

◥ 原子弹

原子弹是核武器之一,是利用核反应的光热辐射、冲击波和感生放射性造成杀伤和破坏作用,以及造成大面积放射性污染,阻止对方军事行动以达到战略目的的大杀伤力武器。主要包括裂变武器(第一代核武,通常称为原子弹)和聚变武器(亦称为氢弹,分为两级及三级式)。亦有些还在武器内部放入具有感生放射的轻元素,以增大辐射强度扩大污染,或加强中子放射以杀伤人员(如中子弹)

原子弹是核武器之一。核武器是指利用能自持进行核裂变或聚变反应释放的能量,产生爆炸作用,并具有大规模杀伤破坏效应的武器的总称。其中主要利用铀-235(屬 U)或钚-239(廐)等重原子核的裂变链式反应原理制成的裂变武器,通常称为原子弹;主要利用重氢(H,氘)或超重氢(chuan H,氚)等轻原子核的热核反应原理制成的热核武器或聚变武器,通常称为氢弹。

煤、石油等矿物燃料燃烧时释放的能量,来自碳、氢、氧的化合反应。一般化学炸药如梯恩梯(TNT)爆炸时释放的能量,来自化合物的分解反应。在这些化学反应里,碳、氢、氧、氮等原子核都没有变化,只是各个原子之间的组合状态有了变化。核反应与化学反应则不一样。在核裂变

或核聚变反应里,参与反应的原子核都转变成其他原子核,原子也发生了变化。因此,人们习惯上称这类武器为原子武器。但实质上是原子核的反应与转变,所以称核武器更为确切。

核武器爆炸时释放的能量, 比只装化学炸药的常规武器要大得多。例如,1千克铀全部裂变释放的能量约 8×10^{13} 焦耳,比1千克梯恩梯炸药爆炸释放的能量 4.19×10^6 焦耳约大 2 000 万倍。因此,核武器爆炸释放的总能量,即其威力的大小,

普通 TNT 炸药

常用释放相同能量的梯恩梯炸药量来表示，称为梯恩梯当量。美国、前苏联等国装备的各种核武器的梯恩梯当量，小的仅100万千克，甚至更低；大的达100亿千克，甚至更高。

核武器爆炸，不仅释放的能量巨大，而且核反应过程非常迅速，微秒级的时间内即可完成。因此，在核武器爆炸周围不大的范围内形成极高的温度，加热并压缩周围空气使之急速膨胀，产生高压冲击波。地面和空中核爆炸，还会在周围空气中形成火球，发出很强的光辐射。核反应还产生各种射线和放射性物质碎片，向外辐射的强脉冲射线与周围物质相互作用，造成电流的增长和消失过程，其结果又产生电磁脉冲。这些不同于化学炸药爆炸的特征，使核武器具备特有的强冲击波、光辐射、早期核辐射、放射性沾染和核电磁脉冲等杀伤破坏作用。核武器的出现，对现代战争的战略战术产生了重大影响。

原子弹主要是利用核裂变释放出来的巨大能量来起杀伤作用的一种武器。它与核反应堆一样，依据的同样是核裂变链式反应。

原子弹爆炸

原子弹

　　按理,反应堆既然能实现链式反应,那么只要使它的中子增殖系数k大于1,不加控制,链式反应的规模将越来越大,则最终会发生爆炸。也就是说,反应堆也可以成为一颗"原子弹"。实际上也是这样,若增殖系数k大于1而不加控制的话,反应堆确实会发生爆炸,所谓反应堆超临界事故就是属于这样一种情况。

　　但是,反应堆重达几十万千克、几百万千克,无法作为武器使用。而且在这种情况下,裂变物质的利用率很低,爆炸威力也不大。因此,要制造原子弹,首先要减小临界质量,同时要提高爆炸威力。这就要求原子弹必须利用快中子裂变体系,装药必

须是高浓度的裂变物质,同时要求装药量大大超过临界质量,以使增殖系数k远远大于1。

　　在讲述原子弹的结构原理之前,我们先来介绍一下原子弹的装药。到目前为止,能大量得到、并可以用作原子弹装药的还只限于铀-235、钚-239和铀-233三种裂变物质。

　　铀-235是原子弹的主要装药。要获得高加浓度的铀-235并不是一件轻而易举的事,这是因为,天然铀-235的含量很小,大约140个铀原子中只含有1个铀-235原子,而其余139个都是铀-238原子;尤其是铀-235和铀-238是同一种元素的同位素,它们的化学性质几乎没有差

别,而且它们之间的相对质量差也很小。因此,用普通的化学方法无法将它们分离,采用分离轻元素同位素的方法也无济于事。

为了获得高加浓度的铀-235,早期,科学家们曾用多种方法来攻此难关。最后"气体扩散法"终于获得了成功。

我们知道,铀-235 原子约比铀-238 原子轻1.3%,所以,如果让这两种原子处于气体状态,铀-235 原子就会比铀-238 原子运动得稍快一点,这两种原子就可稍稍得到分离。气体扩散法所依据的,就是铀-235 原子和铀-238 原子之间这一微小的质量差异。

这种方法首先要求将铀转变为气体化合物。到目前为止,六氟化铀是唯一合适的一种气体化合物。这种化合物在常温常压下是固体,但很容易挥发,在56.4摄氏度即

原子弹爆炸

升华成气体。铀-235 的六氟化铀分子与铀-238 的六氟化铀分子相比,两者质量相差不到百分之一,但事实证明,这个差异已足以使它们分离了。

六氟化铀气体在加压下被迫通过一个多孔隔膜。含有铀-235 的分子通过多孔隔膜稍快一点,所以每通过一个多孔隔膜,铀-235 的含量就会稍增加一点,但是增加的程度是十分微小的。因此,要获得几乎纯的铀-235,就需要让六氟化铀气体数千次地通过多孔隔膜。

气体扩散法投资很高,耗电量很大,虽然如此,这种方法目前仍是实现工业应用的唯一方法。为了寻找更好的铀同位素分离方法,许多国家做了大量的研究工作,已取得了一定的成绩。例如目前离心法已向工业生产过渡,喷嘴法等已处于中间工厂试验阶段,而新兴的冠醚化学分离法和激光分离法等则更有吸引力。可以相信,今后一定会有更多更好的分离铀同位素的方法付诸实用,气体扩散法的垄断地位必将结束。

原子弹的另一种重要装药

原子弹爆炸

纯钚。

钍-233 也是原子弹的一种装药，它是通过钍-232 在反应堆内经中子轰击，生成钍-233，再相继经两次β衰变而制得。

从上面我们可以看到，后两种装药是通过反应堆生产的。它们是依靠铀-235 裂变时放出的中子生成的，也就是说，它们的生成是以消耗铀-235 为代价的，丝毫也离不开铀-235。从这个意义上来说，完全可以把铀-235 称作"核火种"，因为没有铀-235 就没有反应堆，就没有原子弹，就没有今天大规模的原子能利用。

是钚-239。钚-239 是通过反应堆生产的。在反应堆内，铀-238 吸收一个中子，不发生裂变而变成铀-239，铀-239 衰变成镎-239，镎-239 衰变成钚-239。由于钚与铀是不同的元素，因此虽然只有很少一部分铀转变成了钚，但钚与铀之间的分离，比起铀同位素间的分离来却要容易得多，因而可以比较方便地用化学方法提取

有了核装药，只要使它们的体积或质量超过一定的临界值，就可以实现原子弹爆炸了。只是这里还有一个原子弹的引发问题，也就是如何做到。不需要它爆炸时，它就不爆炸。

需要它爆炸时,它就能立即爆炸。这可以通过临界质量或临界尺寸的控制来实现。

从原理上讲,最简单的原子弹采用的是所谓枪式结构。两块均小于临界质量的铀块,相隔一定的距离,不会引起爆炸,当它们合在一起时,就大于临界质量,立刻发生爆炸。但是若将它们慢慢地合在一起,那么链式反应刚开始不久,所产生的能量就足以将它们本身吹散,而使链式反应停息,原子弹的爆炸威力和核装药的利用率就很小,这与反应堆超临界事故爆炸时的情况有些相似。因此关键问题是要使它们能够极迅速地合在一起。

这可以象旁图所示的那样,将一部分铀放在一端,而将另一部分铀放在"炮筒"内,借助于烈性炸药,极迅速地将它们完全合在一起,造成超临

原子弹爆炸

界，产生高效率的爆炸。为了减少中子损失，核装药的外面有一层中子反射层；为了延迟核装药的飞散，原子弹具有坚固的外壳。

1945 年 8 月，美国投到日本广岛的那颗原子弹（代号叫"小男孩"）采用的就是枪式结构，弹重约 4 100 千克，直径约 71 厘米，长约 305 厘米。核装药为铀-235，爆炸威力约为 1 400 万千克梯恩梯当量。

在枪式结构中，每块核装药不能太大，最多只能接近于临界质量，而决不能等于或超过临界质量。因此当两块核装药合拢时，总质量最多只能比临界质量多出近一倍。这就使得原子弹的爆炸威力受到了限制。

另外在枪式结构中，两块核装药虽然高速合拢，但在合拢过程中所经历的时间仍然显得过长，以致于在两块核装药尚未充分合并以前，就由自发裂变所释放的中子引起爆炸。这种"过早点火"造成低效率爆炸，使核

美国投到日本广岛的那颗原子弹爆炸后

原子弹

装药的利用率很低。一千克铀-235（或钚-239）全部裂变，大约能释放1 800万千克梯恩梯当量的能量，一颗原子弹的核装药一般为15—25千克铀-235(或6—8千克钚-239)，以此计算，"小男孩"的核装药利用率还不到百分之五。

铀在正常压力下的密度约为每立方厘米19克。在高压下，铀可被压缩到更高的密度。研究表明，对于一定的裂变物质，密度越高，临界质量越小。

根据这一特性,在发展枪式结构的同时,还发展了一种内爆式结构。在枪式结构中,原子弹是在正常密度下用突然增加裂变物质数量的方法来达到超临界,而内爆式结构原子弹则是利用突然增加压力,从而增加密度的方法达到超临界。

在内爆式结构中,将高爆速的烈性炸药制成球形装置,将小于临界质量的核装料制成小球,置于炸药中。通过电雷管同步点火,使炸药各点同时起爆,产生强大的向心聚焦压缩波

美国投于日本长崎的那颗原子爆炸后

（又称内爆波），使外围的核装药同时向中心合拢，使其密度大大增加，也就是使其大大超临界。再利用一个可控的中子源，等到压缩波效应最大时，才把它"点燃"。这样就实现了自持链式反应，导致极猛烈的爆炸。

内爆式结构优于枪式结构的地方，在于压缩波效应所需的时间远较枪式结构合拢的时间短促，因而"过早点火"的几率大为减小。这样，内爆式结构就可以使用自发裂变几率较大的裂变物质，如钚-239作核装药，同时使利用效率大为增加。

美国投于日本长崎的那颗原子弹(代号叫"胖子")，采用的就是内爆式结构，以钚-239作核装药。弹重约4 500千克，弹最粗处直径约152厘米，弹长约320厘米，爆炸威力估计为2 000万千克梯恩梯当量。

原子弹的进一步发展就是氢弹，或称为热核武器。氢弹利用的是某些轻核聚变反应放出的巨大能量。它的装药可以是氘和氚，也可以是氘化锂6，这些物质称为热核材料。按单位重量的物质计，核聚变反应放出的能量比裂变反应更多，而且没有所谓临界质量的限制,因而氢弹的爆炸威力更大,一般要比原子弹大几百倍到上千倍。

不过热核反应只有在极高的温度(几千万度)下才能进行,而这样高的温度只有在原子弹爆炸时才能产生,因此氢弹必须用原子弹作为点燃热核材料的"雷管"。

氢弹爆炸时会放出大量的高能中子,这些高能中子能使铀-238发生裂变。因此在一般氢弹外面包一层铀-238,就能大大提高爆炸威力。这种核弹的爆炸,经历裂变、聚变、裂变三个过程,所以称为"三相弹"。它的特点是成本低、威力大、放射性污染多。

还有一种新型核弹,即所谓中子弹。中子弹实际上可能是一种小型氢弹,只不过这种小型氢弹中裂变的成分非常小,而聚变的成分非常大,因而冲击波和核辐射的效应都很弱,但是中子流极强。它靠极强的中子流起杀伤作用,据称能做到"杀人而不毁物"。

我们看到,原子弹是用铀制造的,也可以用钚制造,但钚是通过铀而制得的。而氢弹则必须用原子弹来引。因此,归根结帮,核武器、热核武器的制造都离不开铀。因此,在过去,在今天,在今后相当长一个时期

氢弹爆炸

内，最重的天然元素之所以重要，首先在于军事上的需要。

我国在 1964 年 10 月 16 日成功爆炸了我国第一颗原子弹，1967 年6 月 17 日又成功地进行了首次氢弹试验，打破了超级大国的核垄断、核讹诈政策，为人类作出了贡献。我们相信，作为武器的原子弹和氢弹终究

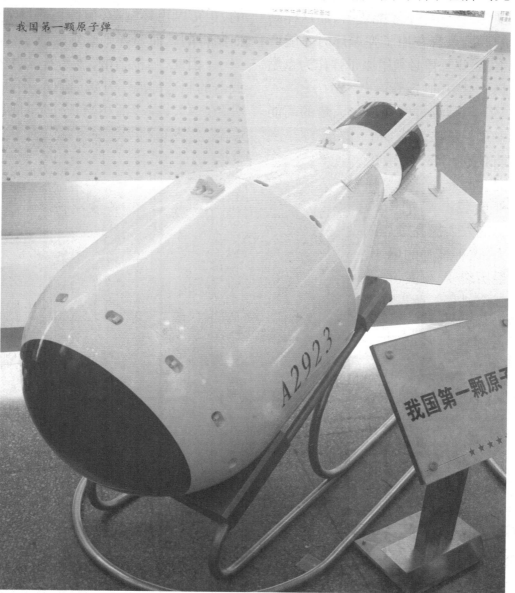

我国第一颗原子弹

是要被消灭的。但是作为放出巨大能量的核爆炸,却在和平建设中有着吸引人的应用前景。

由于核爆炸释放出的能量特别巨大,所以它能使许多用其它方法不可能完成的工作得以完成。核爆炸可以用来开山、辟路、挖掘运河、建造人工港口等。例如,有一个方案,只需四次核爆炸就可开凿一个能停泊万吨巨轮的海港。

首先,进行一次百万吨梯恩梯当量级的核爆炸,就可炸出一个直径300多米、深30多米的大坑。然后进行三次规模较小的核爆炸,开出一条运河来把大坑和深海连接起来(这样的爆炸当然应尽量减少放射性物质的产生)。只要经过几个月的时间,当海潮把产生的少许放射性物质冲走后,这个海港就可安全使用了。

又如,许多地区有大量石油沥青沙层和油页岩,靠钻井并不能开采这种石油,但是核爆炸的高温高压能迫使这种石油流动,因而可以把它开采出来。据称,单把美国西部一个区域内的油页岩中的石油取出来,就可供全世界使用很长一段时间。

至于利用地下核爆炸的高温高压,将石墨变成金刚石,利用地下核爆炸的强大中子流生产超铀元素,则

核爆炸可以改造沙漠

已开始实践了。

核爆炸还可以改造沙漠,使沙漠变成良田。很多干旱的沙漠地带其实也有一些雨水,但是这些雨水多半从地面流进地下河流、流入海中,剩下的一点则很快蒸发掉了,因此地面

核弹头

上没有一点水分，沙漠成了不毛之地。核爆炸可以造成巨大的积水层——"地下水库"。雨季时，雨水储在积水层中，然后慢慢地透过多孔的泥土湿润地表，使之适合于植物的生长。

和平利用核爆炸的前景确实是令人神往的。历史将雄辩地证明：人民将彻底埋葬超级大国的原子弹；几代科学家的辛勤劳动成果，必将完全用来造福于人类。

核武器系统，一般由核战斗部、投射工具和指挥控制系统等部分构成，核战斗部是其主要构成部分。核战斗部亦称核弹头，并常与核装置、核武器这两个名称相互代替使用。

实际上，核装置是指核装料、其他材料、起爆炸药与雷管等组合成的整体，可用于核试验，但通常还不能用作可靠的武器；核武器则指包括核战斗部在内的整个核武器系统。

核武器的出现，是 20 世纪 40 年代前后科学技术重大发展的结果。1939 年初，德国化学家 O.哈恩和物理化学家 F.斯特拉斯曼发表了铀原子核裂变现象的论文。几个星期内，许多国家的科学家验证了这一发现，并进一步提出有可能创造这种裂变反应自持进行的条件，从而开辟了利用这一新能源为人类创造财富的广阔前景。但是，同历史上许多科学技术新发现一样，核能的开发也被首先用于军事目的，即制造威力巨大的原子弹，其进程受到当时社会与政治条件的影响和制约。从 1939 年起，由于法西斯德国扩大侵略战争，欧洲许多国家开展科研工作日益困难。同年 9 月初，丹麦物理学家 N.H.D.玻尔和他的合作者 J.A.惠勒从理论上阐述了核裂变反应过程，并指出能引起这一反应的最好元素是同位素铀-235。 正当这一有指导意义的研究成果发表时，英、法两国向德国宣战。1940 年夏，德军占领法国。法国物理学家 J.F.约里奥·居里领导的一部分科学家被迫移居国外。英国曾制订计划进行这一领域的研究，但由于战争影响，人力物力短缺，后来也只能采取与美国合作的办法，派出以物理学家 J. 查德威克为首的科学家小组，赴美国参加由理论物理学家 J. R. 奥本海默领导的原子弹研制工作。

在美国，从欧洲迁来的匈牙利物理学家齐拉德·莱奥首先考虑到，一旦法西斯德国掌握原子弹技术可能带来严重后果。经他和另几位从欧洲移居美国的科学家奔走推动，于 1939 年 8 月由物理学家 A.爱因斯坦写信给美国第 32 届总统 F.D.罗斯福，建议研制原

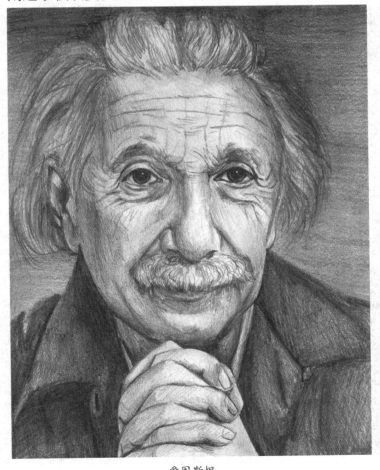

爱因斯坦

子弹,才引起美国政府的注意。但开始只拨给经费 6 000 美元,直到 1941 年 12 月日本袭击珍珠港后,才扩大规模,到 1942 年 8 月发展成代号为"曼哈顿工程区"的庞大计划,直接动用的人力约 60 万人,投资 20 多亿美元。到第二次世界大战即将结束时制成 3 颗原子弹,使美国成为第一个拥有原子弹的国家。制造原子弹,既要解决武器研制中的一系列科学技术问题,还要能生产出必需的核装料铀-235、钚-239。天然铀中同位素铀-235 的丰度仅 0.72%,按原子弹设计要求必须提高到 90% 以上。当时美国经过多种途径探索研究与比较后,采取了电磁分离、气体扩散和热扩散三种方法生产这种

高浓铀。供一颗"枪法"原子弹用的几十千克高浓铀,是靠电磁分离法生产的。建设电磁分离工厂的费用约 3 亿美元(磁铁的导电线圈是用从国库借来的白银制造的,其价值尚未计入)。钚-239 要在反应堆内用中子辐照铀-238 的方法制取。 供两颗"内爆法"原子弹用的几十千克钚-239,是用 3 座石墨慢化、水冷却型天然铀

罗斯福

反应堆及与之配套的化学分离工厂生产的。以上事例可以说明当时的工程规模。由于美国的工业技术设施与建设未受到战争的直接威胁，又掌握了必需的资源，集中了一批国内外的科技人才，使它能够较快地实现原子弹研制计划。

德国的科学技术，当时本处于领先地位。1942 年以前，德国在核技术领域的水平与美、英大致相当，但后来落伍了。美国的第一座试验性石墨反应堆，在物理学家 E. 费密领导下，1942 年 12 月建成并达到临界。而德国采用的是重水反应堆，生产钚-239，到 1945 年初才建成一座不大的次临界装置。为生产高浓铀，德国曾着重于高速离心机的研制，由于空袭和电力、物资缺乏等原因，进展很缓慢。其次，A.希特勒迫害科学家，以及有的科学家持不合作态度，是这方面工作进展不快的另一原因。更主要的是，德国法西斯头目过分自信，认为

希特勒

战争可以很快结束，不需要花气力去研制尚无必成把握的原子弹，先是不予支持，后来再抓已困难重重，研制工作终于失败。

1945 年 5 月德国投降后，美国有不少知道"曼哈顿工程区"内幕的人士，包括以物理学家 J.弗兰克为首的一大批从事这一工作的科学家，反对

研制原子弹的工作

用原子弹轰炸日本城市。当时,日本侵略军受到中国人民长期抗战的有力打击,实力大大削弱。美、英在太平洋地区的进攻,又几乎全部摧毁日本海军,海上封锁使日本国内的物资供应极为匮泛。在日本失败已成定局的情况下,美国仍于8月6日、9日先后在日本的广岛和长崎投下了仅有的两颗原子弹。

前苏联在1941年6月遭受德军入侵前,也进行过研制原子弹的工作。铀原子核的自发裂变,是在这一时期内由前苏联物理学家G.N.弗廖罗夫和K.A.佩特扎克发现的。卫国战争爆发后,研制工作被迫中断,直到1943年初才在物理学家I.V.库尔恰托夫的组织领导下逐渐恢复,并在战后加速进行。1949年8月,前苏联进行了原子弹试验。1950年1月,美国总统H.S.杜鲁门下令加速研制氢弹。1952年11月,美国进行了以液态氘为热核燃料的氢弹原理试验,但该试验装置非常笨重,不能用作武器。1953年8月,前苏联进行了以固态氘化锂6为热核燃料的氢弹试验,使氢弹的实用成为可能。美国于

1954年2月进行了类似的氢弹试验。英国、法国先后在50和60年代也各自进行了原子弹与氢弹试验。

中国在开始全面建设社会主义时期，基础工业有了一定的发展，即着手准备研制原子弹。1959年开始起步时，国民经济发生严重困难。同年6月，前苏联政府撕毁中苏在1957年10月签订的关于国防新技术协定，随后撤走专家，中国决心完全依靠自己的力量来实现这一任务。中国首次试验的原子弹取"596"为代号，就是以此激励全国军民大力协同做好这项工作。1964年10月16日，首次原子弹试验成功。经过两年多，1966年12月28日，小当量的氢弹原理试验成功，半年之后，于1967年6月17日成功地进行了百万吨级的氢弹空投试验。中国坚持独立自主、自力更生的方针，在世界上以最快的速度

完成了核武器这两个发展阶段的任务。

美国对日本投下的两颗原子弹，是以带降落伞的核航弹形式，用飞机作为运载工具的。以后，随着武器技术的发展，已形成多种核武器系统，包括弹道核导弹、巡航核导弹、防空核导弹、反导弹核导弹、反潜核火箭、深水核炸弹、核航弹、核炮弹、核地雷等。其中，配有多弹头的弹道核导

美国总统 H.S.杜鲁门

弹，以及各种发射方式的巡航核导弹，是美国、前苏联两国装备的主要核武器。

通常将核武器按其作战使用的不同划分为两大类，即用于袭击敌方战略目标和防御己方战略要地的战略核武器，和主要在战场上用于打击敌方战斗力量的战术核武器。前苏联还划分有"战役战术核武器"。核武器的分类方法，与地理条件、社会政治因素有关，并不是十分严格的。自 70 年代末以后，美国官方文件很少使用"战术核武器"，代替它的有"战区核武器"、"非战略核武器"等，并把中远程、中程核导弹也划归这一类。

已生产并装备部队的核武器，按核战斗部设计看，主要属于原子弹和氢弹两种类型。至于核武器的数量，并无准确的公布数字，有关研究机构的估计数字也不一致。按近几年的资料综合分析，到 80 年代中期，美国、前苏联两国总计有核战斗部 5 万枚左右，占全世界总数的 95% 以上。其梯恩梯当量，总计为 120 000 亿千

广岛原子弹爆炸后

美国 B-52 型轰炸机

克左右。而第二次世界大战期间,美国在德国和日本投下的炸弹,总计约20 亿千克梯恩梯, 只相当于美国B-52 型轰炸机携载的 2 枚氢弹的当量。从这一粗略比较可以看出核武器库贮量的庞大。美国、前苏联两国进攻性战略核武器 (包括洲际核导弹、潜艇发射的弹道核导弹、巡航核导弹和战略轰炸机)在数量和当量上比较,美国在投射工具(陆基发射架、潜艇发射管、飞机)总数和梯恩梯当量总值上均少于前苏联,但在核战斗部总枚数上多于前苏联。考虑到核爆炸对面目标的破坏效果同当量大小不是简单的比例关系,另一种估算办法是以一定的冲击波超压对应的破坏面积来度量核战斗部的破坏能力, 即取核战斗部当量值(以百万吨为计算单位) 的三分之二次方为其"等效百万吨当量"值(也有按目标特性及其分布和核攻击规模大小等不同情况,选用小于三分之二的其他方次的), 再按各种核战斗部的枚数累计算出总值。按此法估算比较美国、前苏联两国的战略核武器破坏能力,由于当量小于百万吨的核战斗部枚数,美国多于前苏联,两国的差距并不很大。但自 80 年代以来,随着前苏联在分导式多弹头导弹核武器上的发展,这一差距也在不断扩大。而

印度地区

对点(硬)目标的破坏能力,则核武器投射精度起着更重要的作用,由于在这方面美国一直领先,仍处于优势。

除美、前苏联、英、法和中国已掌握核武器外,印度在1974年进行过一次核试验。一般认为,掌握必要的核技术并具有一定工业基础及经济实力的国家,也完全有可能制造原子弹。

除铀-235、钚-239等核材料的生产外,核战斗部本身的研制,必须与整个核武器系统的研制程序协调一致。研制过程大致如下:从设想阶段开始。经过关键技术课题和部件的预先研究或可行性研究,形成包括重量、尺寸、形式、威力、核材料、核试验要求、研制工期、经费等内容的几种设计方案。再经过论证比较和评价,选定设计方案,确定战术技术指标。然后进行型号研究设计、各种模拟试验。工艺试验与试制,通过核试验检验设计的合理性,最后达到设计定型、工艺定型与批准生产。进行这些工作,要有专门的科技队伍,并配备必要的试验场所,包括核试验场。武器交付部队后,研制和生产部门还要提供维护、修理、更换部件等服务工作，按反馈的信息进行必要的改进，并负责其退役处理或更新。

要做好核战斗部的设计，必须深入了解其反应过程，弄清其必须具备的条件与各种物理参数，掌握其中多种因素的内在联系与变化规律。为此，要进行原子核物理、中子物理、高温高压凝聚态物理、超音速流体力学、爆轰学、计算数学和材料科学等多学科的一系列科学技术问题的研究，而核战斗部的研制实践又会反过来带动和促进这些学科的发展。在研制过程中，以下环节起着重要作用：(1)要用快速的、大容量电子计算机进行反应过程的理论研究计算，这种计算应尽可能接近实际情况，以便从多种设想或设计方案中找出最优方案，从而节省费用与减少核试验次数。20世纪40年代以来，推动电子计算机技术迅速发展的重要因素之一，正是由于核武器研制的需要。(2)要按照方案或指标要求，反复进行多方面的模拟试验，包括化学炸药爆轰试验，材料与强度试验，环境条件试验，控制、点火与安全试验等。这些都是为达到核武器高度可靠和安全所必不可少的。(3)要进行必要的核试验。无论是电子计算机上的大量计算，还是相应的模拟试验，总不能达到百分之百地符合核武器方案的真实情况。特别是氢弹聚变反应

核弹爆炸

所必需的高温条件,还只能由裂变反应来提供(利用激光或粒子束的惯性约束技术来创造这种模拟试验条件,直到 80 年代初仍处于研究阶段)。因此,能否达到设计要求,还必须通过核装置本身的爆炸试验进行检验。当然,核试验所起的作用并不限于此。正是由于核试验在核武器研制中起着关键作用,美国、前苏联两国为限制其他国家研制核武器,于 1963 年签订了一个并不禁止进行地下核试验的《禁止在大气层、外层空间和水下进行核武器试验条约》,1974 年又签订了一个仍然适合它们需要的限制地下核试验当量的条约。

由于核武器投射工具准确性的

氢弹爆炸

提高,自60年代以来,核武器的发展,首先是核战斗部的重量、尺寸大幅度减小但仍保持一定的威力,也就是比威力(威力与重量的比值)有了显著提高。例如,美国在长崎投下的原子弹,重量约4 500千克,威力约2 000万千克。70年代后期,装备部队的"三叉戟"Ⅰ潜地导弹,总重量约1 320千克,共8个分导式子弹头,每个子弹头威力为1亿千克,其比威力同长崎投下的原子弹相比,提高135倍左右。威力更大的热核武器,比威力提高的幅度还更大些。但一般认为,这一方面的发展或许已接近客观实际所容许的极限。自70年代以来,核武器系统的发展更着重于提高武器的生存能力和命中精度,如美国的"和平卫士MX"洲际导弹、"侏儒"小型洲际导弹、"三叉戟"Ⅱ潜地导弹,前苏联的SS-24、SS-25洲际导弹,都在这些方面有较大的改进和提高。

其次,核战斗部及其引爆控制安全保险分系统的可靠性,以及适应各种使用与作战环境的能力,也有所改进和提高。美国、前苏联两国还研制

SS-25 洲际导弹

了适于战场使用的各种核武器,如可变当量的核战斗部,多种运载工具通用的核战斗部,甚至设想研制当量只有几吨的微型核武器。特别是在核战争环境中如何提高核武器的抗核加固能力,以防止敌方的破坏,更受到普遍重视。此外,由于核武器的大量生产和部署,其安全性也引起了有关各国的关注。

核武器的另一发展动向,是通过设计调整其性能,按照不同的需要,增强或削弱其中的某些杀伤破坏因素。"增强辐射武器"与"减少剩余放射性武器"都属于这一类。前一种将高能中子辐射所占份额尽可能增大,使之成为主要杀伤破坏因素,通常称之为中子弹;后一种将剩余放射性减到最小,突出冲击波、光辐射的作用,

热核武器

但这类武器仍属于热核武器范畴。至于60年代初曾引起广泛议论的所谓"纯聚变武器"，20多年来虽然做了不少研究工作，例如大功率激光引燃聚变反应的研究，80年代也仍在继续进行，但还看不出制成这种武器的现实可能性。

核武器的实战应用，虽仍限于它问世时的两颗原子弹，但由于40年来核武器本身的发展，以及与它有关的多种投射或运载工具的发展与应用，特别是通过上千次核试验所积累的知识，人们对其特有的杀伤破坏作用已有较深的认识，并探讨实战应用的可能方式。美国、前苏联两国都制订并多次修改了强调核武器重要作用的种种战略。

有矛必有盾。在不断改进和提高进攻性战略核武器性能的同时，美国、前苏联两国也一直在寻求能有效地防御核袭击的手段和技术。除提高核武器系统的抗核加固能力，采取广泛构筑地下室掩体和民防工程等以减少损失的措施外，对于更有效的侦察、跟踪、识别、拦截对方核导弹的防御技术开发研究工作也从未停止过。60年代,美国、前苏联两国曾部署以核反核的反导弹系统。1972年5月,美国、前苏联两国签订了《限制反弹道导弹系统条约》。不久,美国停止"卫兵"反导弹系统的部署。1984年初,美国宣称已制订了一项包括核激发定向能武器、高能激光、中性粒子束、非核拦截弹、电磁炮等多层拦截手段的"战略防御倡议"。尽管对这种防御系统的有效性还存在着争议,但是可以肯定,美国、前苏联对核优势的争夺仍将持续下去。

由于核武器具有巨大的破坏力和独特的作用,与其说它可能会改变未来全球性战争的进程,不如说它对现实国际政治斗争已经和正在不断地产生影响。70年代末,美国宣布研制成功中子弹,它最适于战场使用,理应属于战术核武器范畴,但却受到几乎是世界范围的强烈反对。从这一事例也可以看出,核武器所涉及的斗争的复杂性。

中国政府在爆炸第一颗原子弹时即发表声明:中国发展核武器,并不是由于相信核武器的万能,要使用核武器。恰恰相反,中国发展核武器,是被迫而为的,是为了防御,为了打破核大国的核垄断、核讹诈,为了防止核战争,消灭核武器。此后,中国政府又多次郑重宣布:在任何时

核武器

候、任何情况下，中国都不会首先使用核武器，并就如何防止核战争问题一再提出了建议。中国的这些主张已逐渐得到越来越多的国家和人民的赞同和支持。

搞原子弹，最重要的问题是浓缩铀的提炼问题，矿石里能提出的天然铀，同位素铀-235含量只有千分之几。此外铀的提炼也很重要。所以，化学方面的科研任务很重。当时科学院有四个最知名的化学研究所都有优秀科学家担任所长，号称"四大家族"：一个是上海有机所庄长恭老先生；一个是长春应化所的吴学周先

北京化学所

大连化学物理所

生;还有北京化学所的柳大纲先生。此外，大连化学物理所也是非常强的，那里有张大煜先生。科学院几个化学所承担任务，哪个所能够承担什么任务，就让哪个所承担。

当时上海有机所只有研究力量没有生产力量，不能够提供产品。到科学院以后，让各所建立小工厂，上海市委还送若干小厂，给研究所当实验工厂。而且，还选最好的老师傅。另外，从部队技术兵种的复员兵中，挑选了数千名有技术的战士当工人，他们起了很大作用。

1960 年，前苏联单方面撕毁协议撤退专家。当时受影响最大的是浓缩铀厂，关键材料前苏联不给了，整个厂就停顿了。最紧迫的关键技术问题有三个；此外，原子弹爆炸试验数据的采集，科学院也做了很多工作。那个试验主要是在空旷无人的地方进行，可以试验它的破坏力，针对各种建筑物、各种生物，包括铁笼子里面的猴子、兔子等等。因为原子弹有放射性，看它们受放射性的危害程度有多大。中国科学院有好多所，都派人到基地参加试验了。

◩ 核潜艇

核潜艇是核动力潜艇的简称，核潜艇的动力装置是核反应堆。世界上第一艘核潜艇是美国的"鹦鹉螺"号，1957 年 1 月 17 日开始试航，它宣告了核动力潜艇的诞生。目前全世界公开宣称拥有核潜艇的国家有 6 个，分别为：美国、俄罗斯、中国、英国、法国、印度。其中美国和俄罗斯拥有核潜艇最多。核潜艇的出现和

中国科学院

核战略导弹的运用,使潜艇发展进入一个新阶段。装有核战略导弹的核潜艇是一支水下威慑的潜艇。

核潜艇是潜艇中的一种类型,指以核反应堆为动力来源设计的潜艇。由于这种潜艇的生产与操作成本,加上相关设备的体积与重量,只有军用潜艇采用这种动力来源。核潜艇水下续航能力能达到 20 万海里,自持力达 60 至 90 天。

核潜艇按照任务与武器装备的不同,可分以下几类:攻击型核潜艇,它是一种以鱼雷为主要武器的核潜艇,用于攻击敌方的水面舰船和水下潜艇。弹道导弹核潜艇,以弹道导弹为主要武器,也装备有自卫用的鱼雷,用于攻击战略目标。巡航导弹核潜艇,以巡航导弹为主要武器,用于实施战役、战术攻击。

潜艇在第二次世界大战时期的

使用经验暴露出一个很大的问题，那就是潜艇可以在水面下持续航行的时间。潜艇在水面下操作的时间受到电池蓄电量的严重限制，即使以最低的速率航行，也必须在一段时间之后浮出水面进行充电。在充电的过程当中潜艇非常容易受到攻击。另外一个限制是潜艇上的电池能够发挥的最大航速以及持续的时间，尤其是水面下的最大航行速率远低于水面上的速率，若是要追随高速航行的船舰时，潜艇必须浮出海面以柴油引擎输出动力，才能够勉强追上航行速率较慢的快速船舰，可是这样一来，潜艇就失去海水对它的保护以及作战上的优势。因此，为了扩大潜艇的战术价值，大幅提高海面下持续操作时间，研发替代动力来源一直是潜艇研究的一个重要目标。

核潜艇

世界上第一艘核潜艇是由美国海军研制和建造的。1946年，以海曼·乔治·里科弗为首的一批科学家开始研究舰艇用原子能反应堆也就是后来潜艇上使用的压水反应堆。第一艘核潜艇"鹦鹉螺"号核潜艇于1952年6月开工制造。

曼·乔治·里科弗积极倡议并研制和建造的，他被称为"核潜艇之父"。1946年，以里科弗为首的一批科学家开始研究舰艇用原子能反应堆也就是后来潜艇上广为使用的"舰载压水反应堆"。第二年，里科弗向美国海军和政府建议制造核动力潜

鱼雷

此后，前苏联，英国，法国和中华人民共和国，印度相继制造了本国的核潜艇。

世界上第一艘核潜艇是美国的"鹦鹉螺"号，是由美国科学家海

艇。1951年，美国国会终于通过了制造第一艘核潜艇的决议。

鹦鹉螺号核潜艇于1952年6月开工制造，是在1954年1月24日开始首次试航。首次试航即显示了核

鹦鹉螺号核潜艇

潜艇的优越性，人们听不到常规潜艇那种轰隆隆的噪声，艇上操作人员甚至觉察不出与在水面上航行有何差别，"鹦鹉螺"号84小时潜航了1300千米，这个航程超过了以前任何一艘常规潜艇的最大航程10倍左右。1955年7—8月，"鹦鹉螺"号和几艘常规潜艇一起参加反潜舰队演习，反潜舰队由航空母舰和驱逐舰组成。在演习中，常规潜艇常常被发现，而核潜艇则很难被发现，即使被发现，核潜艇的高速度也可以使之摆脱追击。由于核潜艇的续航力大，用不着浮出水面，因而能避免空中袭击。到1957年4月止，"鹦鹉螺"号在没有补充燃料的情况下持续航行了11万余千米，其中大部分时间是在水下航行。1958年8月，"鹦鹉螺"号从冰层下穿越北冰洋冰冠，从太平洋驶进大西洋，完成了常规动力潜艇所无法想象的壮举。之后，美国宣布将不再制造常

弹道导弹潜艇

规动力潜艇。

早期的核潜艇均以鱼雷作为武器。以后由于导弹的发展，出现携带导弹的核潜艇。核潜艇安上导弹之后，便出现了两种类型：一类是近程导弹和鱼雷为主要武器的攻击型核潜艇。另一类是以中远程弹道导弹为主要武器的弹道导弹核潜艇（又称战略核潜艇）。攻击型核潜艇主要用于攻击敌水面舰艇和潜艇，

同时还可担负护航及各种侦察任务。弹道导弹核潜艇则是战略核力量的一次重要的转移。在各种侦察手段十分先进的今天，陆基洲际导弹发射井很容易被敌方发现，弹道导弹核潜艇则以高度的隐蔽性和机动性，成为一个难以捉摸的水下导弹发射场。

弹道导弹潜艇是用艇载核导弹对敌方陆上重要目标进行战备核袭

击的潜艇。它大多是核动力的,主要武器是潜对地导弹,并装备有自卫用鱼雷。弹道导弹潜艇与陆基弹道导弹,战略轰炸机共同构成目前核军事国在核威慑与核打击力量的三大支柱,并且是其中隐蔽性最强、打击突然性最大的一种。

潜对地导弹分弹道式和巡航式两类。美国从 1947 年开始研制"天狮星－Ⅰ"型潜对地巡航导弹,1951 年在潜艇上发射成功,1955 年正式装备潜艇部队,第一批战略导弹潜艇由此诞生。前苏联于 1955 年 9 月首次用潜艇在水面发射一枚由陆基战术导弹改装的弹道导弹。1960 年 7 月,美国乔治·华盛顿号核潜艇首次水下发射"北极星" A1 潜地弹道导弹,这是世界上第一艘弹道导弹核潜艇。

中国 096 核潜艇(北约代号称"唐"级),暂无官方数据。外媒推测,其舰长 150 米、舰宽 20 米,最大排水量 1 600 万千克。该舰外形近似拉长的水滴型,采用双壳体

设计,动力装置为两座一体化压水式核反应堆和两座蒸气涡轮机的喷水推进方式,最大航速可达 32 节。另外,由于舰体外壳使用高强度合金钢,所以其潜深可以达到 600 米。

中国海军新开发的弹道导弹核潜艇(北约代号晋级潜艇)。094 型是中国有史以来建造的最大的潜艇。预计将比 092 型弹道导弹核潜艇(北约代号夏级潜艇)有明显改进,安静性和传感器系统性能有所提高,推进系统也要可靠得多。094 型在葫芦岛的渤海造船厂建造。094 型潜艇首艘已于 2004 年 7 月下水。094 型核潜艇将装载新型"巨浪-2"(JL-2)洲际弹道核导弹,射程超过 6 000 海

弹道导弹潜艇

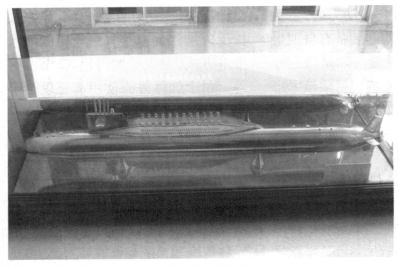

中国 096 核潜艇模型

型潜艇的照片。

中国 093 核潜艇（北约代号商级）是中国人民解放军海军建造的第二代核动力攻击型潜艇。093 型是一级多用途的攻击型核潜艇，其安静性、武器和传感器系统将比目前在役的 091 型核潜艇（北约代号汉级潜艇）有所改进。在评估武器装备的性能时，对方强调："除鱼雷和可能装备的反潜导弹外，预计 093 型还将潜射反舰巡航导弹，可能为自行研制的 C801 的后续型"。预计 093

里（据报道，最大射程约 14 000 千米），在数目和性能上超过夏级核潜艇上装载的导弹。因此，中国弹道导弹核潜艇能够从中国近海的活动"阵地"瞄准美国和澳大利亚的目标区。2007 年在网上曝光，据推测是 094

092 型核潜艇

中国 093 核潜艇

型核潜艇首艇将在渤海造船厂下水，配置 6 门 533 毫米鱼雷发射管。据媒体推测，093 级的噪声水平与阿库拉级潜艇(鲨鱼级)或洛杉矶级潜艇相当。其隐身性能较汉级潜艇大为改观。

092 型核潜艇中国研制的第一种核动力弹道导弹潜艇，北约代号"夏"级，1978 年动工，1981 年 4 月下水，1983 年 8 月交付海军使用。1985 年第一次水下发射导弹试验失败，1988 年第二次发射才成功。装备"巨浪 I 型"弹道导弹(发射重量 14 700 千克、最大射程约 2 150 千米)，12 座弹道导弹发射管，数量可能在 3 艘，舷号均为 406。2009 年该型潜艇"长征 6 号"参与海军 60 周年阅兵时首次对外公开亮相。

迷你知识卡

原子能的应用

(1)发电或者提供动力(核电站，舰载或者星载核反应堆)；(2)活化分析(分析物质组成)；(3)放射性侦察或者检测(海关用的一种机器)；(4)杀死或者消除癌细胞(医学)；(5)改良新品种(农业)；(6)探伤(工业)；(7)海水淡化(最高效的海水淡化方式)；(8)用于制造核武器(原子弹、氢弹等)。

第4章 核能发电

1. 能源带来的幻想
2. 中国的核电
3. 秦山核电站
4. 大亚湾核电站

能源带来的幻想

核能发电的历史与动力堆的发展历史密切相关。动力堆的发展最初是出于军事需要。1954年，前苏联建成世界上第一座装机容量为5兆瓦(电)的核电站。英、美等国也相继建成各种类型的核电站。到1960年，有5个国家建成20座核电站，装机容量1 279兆瓦（电）。由于核浓缩技术的发展，到1966年，核能发电的成本已低于火力发电的成本。核能发电真正迈入实用阶段。1978年全世界22个国家和地区正在运行的30兆瓦(电)以上的核电站反应堆已达200多座，总装机

核电站

容量已达 107 776 兆瓦（电）。80 年代因化石能源短缺日益突出，核能发电的进展更快。到 1991 年，全世界近 30 个国家和地区建成的核电机组为 423 套，总容量为 3.275 亿千瓦，其发电量占全世界总发电量的约 16%。世界上第一座核电站是前苏联奥布宁斯克核电站。

中国大陆的核电起步较晚，80 年代才动工兴建核电站。中国自行设计建造的 30 万千瓦（电）秦山核电站在 1991 年底投入运行。大亚湾核电站于 1987 年开工，于 1994 年全部并网发电。

苏联奥布宁斯克核电站

◨ 中国的核电

中国核能发电的发展，2008 年中国将开工建设福建宁德、福清和广东阳江三个核电项目。

在随后的几年中，随着各项设计工作陆续到位，各方将为这三个工程投下上千亿元人民币。不过，这所有的一切也仅仅是中国"核电强国"梦

想的开端，因为根据中国核电产业发展规划，到 2020 年中国核电总装机容量要达到 4 000 万千瓦，在建 1 800 万千瓦。这意味着，在今后的十多年间，中国平均每年要开工建设 3 ~ 4 台百万千瓦级的核电机组，这在历史上绝无仅有。

而在此蓝图下，在未来十多年中，中国将投下至少 4 500 亿元人民币。与此同时，中国在预计花费百亿元人民币把国外的第三代核电技术引进中国，并在此基础上自主创新。

其实，中国开描"核电蓝图"并不是一时的冲动。在能源紧缺的大背

景下，核电成为了最现实的选择。在未来的中国，从沿海的广东、浙江、福建到内陆的湖北、湖南、江西，几十座核电站将拔地而起。

广州发电厂

能源危机的紧迫性何在？中国科学院院士、核反应堆工程专家王大中曾用一组数据作出过说明：中国已成为世界第二大能源生产与消费国、第一大煤炭生产与消费国、第二大石油消费国及石油进口国、第二大电力生产国。

根据 2020 年中国 GDP 翻两番的发展目标估计，国内约需发电装机容量 8 亿～9 亿千瓦，而已有装机容量仅为 4 亿千瓦。但在现有的发电结构中，单煤电就占了其中的 74%。这也意味着若电力需求再翻一番，每年用煤就将超过 1 600 亿千克，而长距离的煤炭输送将加剧环境和运输压力。另外，在今年年初南方的冰灾中，光是因交通运输困难，电煤供应紧张，造成的缺煤停机超过 3 700 万千瓦，19 个省区拉闸限电。而如此大电煤消耗，二氧化硫和烟尘排放量每年分别新增 50 亿千克和 532.6 亿千克以上。

另外，水电受到客观条件的限制，其开发难度相当大。而太阳能、生物能等可再生能源开发遇到核心技术

煤

煤炭能源

年底，全球正在运行的核动力堆共有438座，到了2003年3月，增加至441座，仅增3座。

但现实的能源危机改变了这一切。在能源危机的背景下，人们对生存的渴求战胜了对恐惧的担忧，欧美国家被冻结30多年的核电计划也纷纷解冻。而此间，受多种因素的影响，中国的核电发展战略也正在由"适度"转向"积极"。

的瓶颈，其使用成本极高。因此，在未来的30年内，这些新能源不具备成为中国主力能源的条件。所以，清洁、高效的核电成了备选。

1957年，人类开始建设核电站并利用核能发电，到现在，核电约占全世界电力的16%。但自1986年前苏联发生切尔诺贝利核电站核燃料泄漏事件以来，核电成了许多人心中的恶魔，中国也不例外。全球核电业就开始进入低潮。根据国际原子能机构的统计，2000年

☒ 秦山核电站

秦山核电站坐落于浙江省嘉兴

建设中的核电机组

市海盐县秦山镇双龙岗，面临杭州湾，背靠秦山，这里风景似画、水源充沛、交通便利，又靠近华东电网枢纽，是建设核电站的理想之地。秦山核电站是中国大陆第一座自己研究、设计和建造的核电站，汽轮机、发电机、蒸汽发生器、堆内构件、核燃料元件等重要设备都由我国自己制造，进口设备主要有反应堆厂房环形吊车、压力壳、主泵等，电站动力装置主要由反应堆和一、二回路系统三部分组成。秦山核电站设计广泛采用了国外现行压水堆核电站较成熟的技术，

并进行了相当规模的科研和试验工作，始终把安全放在首位。

穿过隧道是二、三期核电基地。二期工程是国家"八五"期间的重点工程。由中国核工业总公司、浙江省、上海市等投资联营建设的，规模为两台 60 万千瓦核电机组的商用核电站，已分别于 2002 年 2 月 6 日和 2004 年 5 月 3 日建成发电。秦山核电站三期总装机容量为两台 728 兆瓦核电机组，是中国与加拿大联营建设的，二台机组分别于 2002 年 12 月 31 日和 2003 年 6 月 12 日建成发电。

核电站

核电站

秦山核电站已成为总装机容量为 300 万千瓦的中国核电基地。

中国自行设计和建造的第一座实用型核电站。位于浙江省海盐县东南秦山。由上海核工程研究设计院等单位设计。采用世界上技术成熟的压水堆,核岛内采用燃料包壳、压力壳和安全壳 3 道屏障,能承受极限事故引起的内压、高温和各种自然灾害。电站 1984 年开工,一期工程包括建设一座 30 万千瓦核反应堆,安装 3 台共 30 万千瓦汽轮发电机组及建设配套厂房和输电设施,1991 年建成投入运行。年发电量为 17 亿千瓦时。二期工程将在原址上扩建 2 台 60 万千瓦发电机组,1996 年开工。

秦山核电站位于中国浙江省海盐县,是中国大陆建成的第一座核电站,在经过多次扩建后,现已发展成一处大型核电基地。 该电站是中国第一座自己研究、设计和建造的核电站,一期

建设中的核电站

工程额定发电功率 30 万千瓦,采用国际上成熟的压水型反应堆,1984年破土动工,1991 年 12 月 15 日并网发电,设计寿命 30 年,总投资 12亿元。厂区主要包括七个部分:核心部分、废物处理、供排水、动力供应、检修、仓库、厂前区等。全厂设备约28 000 余台件,由国内 585 个工厂和10 余个国家(地区)供货,汽轮机、发电机、蒸汽发生器、堆内构件、核燃料元件等重要设备都由中国自己制造,进口设备主要有反应堆厂房环形吊车、压力壳、主泵等,电站动力装置主要由反应堆和一、二回路系统三部分组成。秦山核电站设计广泛采用了国外现行压水堆核电站较成熟的技

术,并进行了相当规模的科研和试验工作,始终把安全放在首位。为阻止放射性物质外泄,设置了三道屏障,第一道锆合金管把燃料蕊块密封组成燃料元件棒;第二道为高强度压力容器和封闭的一回路系统;第三道屏障则为密封的安全壳,防止放射性物质外泄。加外还有安全保护系统、应急堆蕊冷却系统、安全壳、喷淋系统、安全壳隔离系统、消氢系统、安全壳空气净化和冷却系统、应急柴油发电机组等,使反应堆在发生事故时,能自动停闭和自动冷却堆蕊。秦山核电站的建成结束了中国大陆无核电的历史,投产以来,机组运行一直处于良好状态,成为中国自力更生和平利用核能的典范。

秦山核电站总投资 17 亿多元,所产生的清洁电能源源不断地输入华东电网,有助于缓解浙江省和长三角区域长期的能源供应吃紧状态。

◤ 大亚湾核电站

大亚湾核电基地位于深圳大鹏新区大鹏湾畔,背靠排牙山、远眺七娘山,碧海、蓝天、青山浑然一体。去过的人说,走进大亚湾,犹如置身宁静的大学校园,又仿佛徜徉在一个度假胜地。其实,令人颇觉神秘的核电

产业基地，早在 1995 年就被深圳市定为"一日游"的重要景点之一。

大亚湾核电站是中国第一座大型商用核电站，坐落在深圳市的东部，离香港尖沙咀直线距离 51 千米，中国最大的中外合资企业。大亚湾核电站位于：北纬 22 度 36 分 02.70 秒，东经 114 度 32 分 57.75 秒。

坐落在广东省深圳市大鹏新区的大亚湾核电基地，是中国目前在运行核电装机容量最大的核电基地。拥有大亚湾核电站、岭澳核电站两座核电站共六台百万千瓦级压水堆核电机组，年发电能力约 450 亿千瓦时。其中，大亚湾核电站所生产的电力 70% 输往香港，约占香港社会用电总量的四分之一，30% 输往南方电网。岭澳核电站所生产的电力全部输往南方电网。据 2011 年统计数据，两座核电站输往南方电网的电力约占广东省社会用电总量的 9%。

大亚湾核电基地是中国第一座大型商用核电站，总占地面积约 10 平方千米，内有大亚湾核电站和岭澳核电站一期、岭澳核电站二期。站在岭澳核电站一期的观景台俯瞰，核电站与蓝天碧海相互映衬，组成了一幅宏伟壮丽的画卷。

大亚湾核电站

银灰色为主调的公关中心展厅是了解核电站的第一课堂,这里安放着大亚湾核电基地的全景沙盘模型、核岛、常规岛及相关设备模型,还有许多科普图片、文字、模拟机、问答机等展品,从中可了解大亚湾核电基地的全貌、核能发电原理、压水堆核电站的安全可靠性及核电站建设情况等。

大亚湾核电站

从展厅出来,你可以漫步于大亚湾基地滨海大道,去材料码头看海。材料码头有个浪漫的名字——情人岛,它原是大亚湾核电站建设初期的材料装卸码头,依山傍海,景色秀丽,如今已成为人们垂钓、观海的花园式海景码头。大亚湾核电站按照"高起点起步,引进、消化、吸收、创新","借贷建设、售电还钱、合资经营"的方针开工兴建,1994 年 5 月 6 日全面建成投入商业运行。并获得了在美国出版的国际电力杂志评选的"1994年电厂大奖",成为全世界 5 个获奖电站之一,也是中国唯一获得这一殊荣的核电站。1995 年 5 月,大亚湾核电站被中共深圳市委确定为"深圳市爱国主义教育基地",成为深圳市

一日游的景点之一。

大亚湾核电站投产以来,各项经济运行指标达到国际先进水平。自 1999 年开始,与 64 台法国同类型机组在五个领域的安全业绩挑战赛中,至 2010 年共获得 25 项次第一名。2006 年 5 月 13 日,大亚湾核电站 1 号机组较原计划提前 12.94 天完成第一次十年大修,成为中国在运行核电站中首个走过设计寿期内除退役外所有关键路径的核电站。2010 年 10 月 22 日,大亚湾核电站 1 号机组实现整个燃料循环不停机连续安全运行 530 天的国内新记录。至 2011 年 12 月 31 日,该机组实现无非计划停堆安全运行 3 387 天,这是国内核电机组的最高记录,该纪录还在延伸。

大亚湾核电站的建设和运行,成

功实现了中国大陆大型商用核电站的起步,实现了中国核电建设跨越式发展、后发追赶国际先进水平的目标,为中国核电事业发展奠定了基础,为粤港两地的经济和社会发展作出贡献。

大亚湾核电站

迷你知识卡

火力发电,核能发电,水力发电,各有哪些优点与不足?

火力发电
优点:成本低,技术成熟
缺点:污染环境,消耗一次能源

核能发电
优点:不消耗一次能源,
缺点:核泄漏会造成核辐射,成本较火电高

水力发电
优点:绿色环保,节约一次能源
缺点:水源无法保证,成本较火电高

第5章 核安全

1. 核电站的安全性
2. 核垃圾的处理
3. 核电风险最小
4. 可持续核聚变反应堆

◣ 核电站的安全性

核电站的安全问题一直是人们关注的焦点问题之一,主要包括核电站运行中的安全、核废料的处理这两个方面。核电站的安全可以从以下几个方面来考察,即与其他的发电方式比较其安全性,自身运行中的安全

核电站

性,核废料处理的安全问题。

　　当前,人类面临的环境污染问题大部分是由于使用化石燃料引起的。由二氧化碳等造成的温室效应以及二氧化硫和氮氧化物等造成的酸雨正在全球范围内破坏人类赖以生存的生态环境。一座100万千瓦的火电厂每年要烧30亿千克煤,产生的废物总量要超过30亿千克,特别是从火电厂排入环境中的放射性物质比从核电站排出的还要多! 而核电站每年为地球大气层减少 1.55×10^{11} 千克二氧化碳、1.9×10^9 千克氮氧化物和 3×10^9 千克硫化物。这是因为核电站利用铀原子的裂变发电,整个过程没有燃烧任何东西,没有污染物质释放到环境中去。1980年到1986年间,法国核电总发电量的比例由 24%提高到70%。在此期间法国总发电量增加40%,而排放的硫氧化物却减少56%,氮氧化物减少9%,尘埃减少36%,大气质量有明显改善。从世界范围内的核电发展实践来看,用核电

核电站

大气得到改善

站代替火电厂，能大大改善环境质量。核电站的辐射问题一直是人们对核电产生误解的主要问题。这也是争论的焦点之一，实际上，核电站运行对周围居民的辐射影响，远远低于天然辐射，可以说微乎其微。广东大亚湾核电站自投入运行以来，电站 10 千米半径范围内的 7 座辐射监测站的监测数据表明，环境放射性与核电站运行前测得的本底数据没有变化。核电站在运行过程中产生大量放射性物质，如何使这些放射性不对电站工作人员和电站周围居民的健康造成损害，如何使这些放射性不影响核电站所有设备的安全正常运转,如何保证核电站不对环境产生污染等,均属核电站安全所要考虑的问题。核电站安全的主要目标是保护站区工作人员和周围居民在所有运行时和事故时受到的放射性辐照剂量达到合理可行的尽可能低水平,以及对环境的影响不超过规定的水平。人类有史以来一直受着天然电离辐射源的照射,包括宇宙射线、地球放射性核素产生的辐射等。事实上,辐射无处不在,食物、房屋、天空大地、山水草木乃至人们体内都存在着辐射照射。人类所受到的集体辐射剂量主要来自天然本底辐射(约76.58%)和医疗(约20%),核电站产生的辐射剂量非常小(约0.25%)。在世界范围内,天然本底辐射每年对个人的平均辐射剂量约为2.4毫希,有些地区的天然本底辐射水平要比这个平均值高得多。核能应用领域的辐射照射来源于核能产生装置(如核电站)在运行过程中产生的各种放射性核素。

为确保核电站安全,世界上所有发展核电的国家都制定各自的安全标准和规定,包括在核电站选址、设计、建造、运行各阶段所应采取的一系列措施,以及对从建造到退役的整个过程应进行的评价。其中,美国于1982年4月提出的核电站安全标准,

无处不在的辐射

以概率作出定量表示,具有一定代表性。这一标准规定:(1)在核电站厂址周围的个人和居民群体的早期损伤风险,由于反应堆事故造成的不应超过其他所有事故造成的风险总和的0.1%;(2)在核电站厂址地区的个人和居民群体的癌症风险,由于反应堆事故后果造成的,不应超过其他原因造成的癌症风险总和的0.1%;(3)在低于社会死亡率风险的定量准则下,采用安全设施,降低核电风险的费用和利益之比应该相当下1000美元每人;(4)在大部分堆心熔化的情况下,反应堆事故的概率应该小于每年 10 ～ 4 堆。中国于 1986 年 10 月颁布《中华人民共和国民用核设施安

核电站

全监督管理条例》等 5 项法规，确保核电站的建设从一开始就把安全性放在第一位。国家为了保护工作人员和居民的身体健康，规定了特别严格的限值，即从事放射性工作的人员每年不超过

核废物处理场

0.05 希，核设施周围居民每年不超过 0.001 希，也就是每年不超过 1 毫希。而核电站对人造成的实际剂量比上述限量要小得多，按照中国核工业总公司为核电厂规定的管理标准，对周围居民的照射不得超过每年 0.25 毫希。可以毫不夸张地说，即使你生活在核电站的附近，你每年受到的辐射仍然比你乘坐飞机从美国东海岸的纽约往返西海岸的洛杉矶一次受到的辐射要少。核废料的处置问题，也是影响核电安全一个重要问题，也是到今天为止所有问题中解决的比较差的一个问题。中国按《规划》发展到 2020 年，核电发电量达到全球

13%，也意味着年产生核废料的比例也将达到 13%。累积从 2008 到 2020 年的 13 年间，产生中低放废料 47 600 立方米，高放废料将达 1 290 万千克。中国目前只有两个中低放废料处置场，高放废料处置实验室要到 2020 年才建成，而建设高放废料的最终处置场则需要更长的时间。因此，在核电发展进程中，中国需要考虑核废料的处理问题，保证核电发展与环境保护同时进行。当今核废料的处理主要有以下几种：玻璃固化法，储存法，海洋掩埋法。玻璃固化法是将废料混入玻璃材料中做成一固化之产物，如同英 Harvest 计画中研究的，这

废料储存

种玻璃固化法废料是在圆柱状容器内制成，在英国现行的容器尺寸为高 3 米，直径约半米。依目前的核能计画，约需 72 000 个此类容器。核废料掩埋法其实就像把食物放进仓库里一样，只不过它需要更精密的防护措施。而各核电厂都自备燃料池可储存 40 年的时间，时间到了，便必须送去储存厂，大约 10 年辐射已降低至无害，可像一般垃圾处理。所谓的海洋掩埋法顾名思义就是将核废料永久弃置于深海底的意思，也就是海洋掩埋法。利用水泥固化法将核废料储存在钢筒内，经过数年的暂时储放，等核废料中的放射性降的最低后，再投掷到深海或数千米海沟中，作永久性储存。此外还有一些其他的方法，相信随着技术的发展最终将得到圆满的解决。核电的安全问题，只要一个出问题，整个核电发展将受阻，是一个最典型的个体影响全局的行业。选址问题是核电站建设可行性的关键。一项完整的核电站选址评估工作，需要综合考虑电力需求、人口密度、水文地质等问题，至少要历经数年时间。核电站建设还需要完善核电事故处理的规范与法律。人们关于核电站是否发展的争论不在于人类是否有能力避免或减轻其危害,而在于人们是否会以正确的态度来对待。截至 2002 年底,全世界核电机组累计运行了 10 697 个堆年,总共发生过两起重大事故,即三里岛核电站事故和切尔诺贝利核电站事故。1979 年 3 月 28 日,美国三里岛核电站发生了严重事故,反应堆堆芯的一部分熔化坍塌。但由于一回路压力边界和安全壳的包容作用,泄漏到周围环境中的放射性核素微乎其微,没有对环境和公众的健康产生危害,仅有 3 名电站工作人员受到略高于季度剂量管理限值的辐射照射。方圆 80 千米的 200 万居民中,平均每人受到的辐射剂量小于戴一年夜光表或看一年彩电所受到的辐射剂量。1986 年 4 月 26 日,前苏联发生了切尔诺贝利核电站事故。这是核能和平利用有史以来最为严重的一次核事故。在核电站工作人员和事故抢险人员中,有 28 人由于受到非常高的辐射剂量而死亡。为了防

止公众受到大的辐射照射,紧急撤离了电站附近的 11.6 万居民。事故的主要原因有两个方面。一是运行人员在试验停电条件下发电机转子靠自身的转动惯性能继续供电多长时间的过程中,严重违反操作规程,切断了所有安全控制系统,致使安全保护系统不能启动。二是反应堆(压力管式石墨慢化沸水堆)安全设计上存在严重的缺陷。1996 年 4 月,71 个国家和 20 个组织的 800 多名专家举行会议,评价了 10 年前在前苏联发生的切尔诺贝利核电站事故的实际后果。评价结果表明:在核电站的工作人员和帮助处理事故后果的人员("清理人员")中只有 28 人死于辐射照射。从污染区疏散的 10 多万居民

废料储存

和仍然生活在受影响较轻地区的人，他们一生中所受到的剂量，与他们一生中从天然辐射源接受的剂量差不多或较低。这说明事故发生的主要原因是一些人为因素，并不是技术上的不成熟，或者其他一些不可抗力因素导致的，只要严格按照国际、国家有关标准，就可以和平、安全的利用核能。为了在万一发生严重事故、大量放射性物质泄漏到外部环境的情况下，能够保障周围公众的健康与安全，核电站还必须制订应急响应计划，并做好相应的应

切尔诺贝利核电站事故

急响应准备工作。

◼ 核垃圾的处理

在环保和生态问题日益引起重视的今天，有关核废料的处理成为人们关注的重大课题之一。从反应堆

核废料的处理

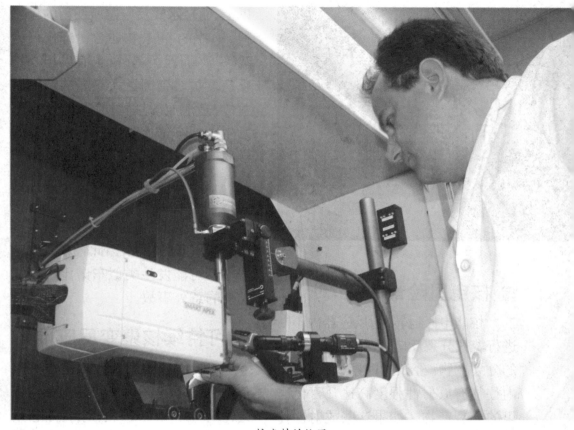

核废料的处理

取出的废核燃料中有由铀-238转变成的钚-239，这是宝贵的核燃料，因此首先要在核电站进行一定处理，再放在水池中贮存几个月，最后把它送往钚提取工厂将钚提出来。经提取后余下的为放射性废物，可以把它装罐密封后，埋在岩层中，也可以保存在地面上的贮存库内。还可以用反应堆的方法把长寿命的放射性废物转变成稳定的短寿命的同位素（正在试验中）。这些废物数量同火电厂排除的煤渣相比是微不足道的。到2000年，把全世界所有的核电站排出的废物堆在一起，建一座同游泳池一般大的贮存库，就可以全部装下。

核反应堆堆芯一般可运行30年。用完以后，一般是用混凝土把它们密封起来。这样做的好处是在核电站的旧址可以再安装新的反应堆，不必迁址。

轻水式反应器

核电风险最小

核能电厂运转时，反应器内不断进行着核分裂反应，产生具有放射性的分裂产物。经长时间累积，反应器内往往有放射性强度高达几百亿居里的分裂产物。如果这些放射性物质释放到外界环境，会污染环境，伤害民众。放射性物质是在炉心的核燃料丸内产生，并滞留在核分裂发生的地方，除非有重大事故发生，否则是不可能释放到外界环境中的。

有人担心反应器炉心会像原子弹一样的爆炸，造成放射性物质在环境中迅速的扩散。事实上，这种事故绝对不可能发生于沸水式及压水式反应器的，因为原子弹中可裂物质（铀-235 或铈-239）的含量高达 90%

以上，而轻水式反应器所使用的核燃料，其中的 可裂物质含量却仅仅为 2%～5%而已。另外，也有人担心核反应器炉心会因巨大热能的产生而解体，造成放射性物质的外释，亦即发生类似车诺比尔电厂核能灾变的事故，这种担心也是不必要的。由于轻水式反应器所使用的缓和剂是普通水，不同于车诺比尔核能电厂的中反应器所使用的石墨。石墨与水有着截然不同的特性，因此轻水式反应器亦不可能发生类似车诺比尔核能灾变的意外事故。

可持续核聚变反应堆

可持续核聚变反应堆是由美国首先建设的，它看起来可能跟任何普通建筑物并没有太大区别，但是它紧闭的门后却隐藏着未来的安全再生能源的答案。在美国加利福尼亚州的利弗莫尔国家实验室国家点火装置（NIF）建设地点，科学家正在向建全球首个可持续聚变反应堆——"在地球上创造一颗微型恒星"的目标迈进。

核聚变基地是美国能源部国家核安全管理局的心血结晶，也是世界上最大的核反应堆工程。

预计，不断产生核聚变反应可以

在两年内实现,届时,对地球的影响将是惊人的。早在 1997 年,这一实验便开始进行,研究者们对这项伟大创举非常期待。2010 年 11 月 2 日,实验基地对准一个装有氘和氚气体的玻璃目标,在反应堆中心发射了192 个激光器。实验结果显示,核聚变产生的巨大能量达到 130 万兆丰焦耳,创造了新的世界纪录。这次最新的实验结果表明,这个模拟星球持续的核聚变反应还不是那么"活跃",但基地的科学家们对它的前景依然充满信心。

2010 年 11 月 18 日,在美国加利福尼亚州的利弗莫尔国家实验室国家点火装置(NIF)建设地点,科学家正在向建全球首个可持续聚变反应堆——"在地球上创造一颗微型恒星"的目标迈进。它看起来可能跟任何普通建筑物并没有太大区别,但是它紧闭的门后却隐藏着未来的安全再生能源的答案。

核裂变能是核电站采用的形式,迄今为止它已引发了众多事故,例如

美国加利福尼亚州的
利弗莫尔国家实验室

1986年的切尔诺贝利核泄漏事故。然而核聚变能与前者不同，它不仅安全，而且相对还很环保。国家点火装置的一位发言人说："尽管核聚变是一种核子过程，但是它与裂变过程不同，因为核聚变反应不产生放射性副产品。核聚变能非常有希望成为一种长期的未来能源，因为核聚变所需的燃料在地球上比较丰富，而且它产生的能源比较安全和环保。"

切尔诺贝利核电站

这位发言人说："氘是从海水里萃取出来的，氚来自金属锂，这是土壤里的一种常见元素。一加仑海水可提供相当于300加仑汽油产生的能量，50杯海水产生的燃料所含的能量，相当于2吨煤。核聚变电站将不会产生碳，而且生成的放射性副产品也比当前的核电站更少，储存方法也更简单。核聚变电站的核反应堆失控或坍塌，也不会造成危险。因此，核聚变能将对环境和经济都有利。国家点火装置只是第一步，要达到这个目标，科研人员还要进行更多研究和技术开发工作。"

迷你知识卡

怎样预防核安全

当空气被放射性物质污染时，就需要采取一些个人防护措施。用手帕、毛巾、布料等捂住口鼻可使吸入放射性物质所致剂量减少约90%。体表的防护可用各种日常服装，包括帽子、头巾、雨衣、手套和靴子等。

对已受到或可疑受到体表放射性污染的人员进行去污，方法简单，只要告诉有关人员用水淋浴，并将受污染的衣服、鞋、帽等脱下存放起来，直到以后有时间再进行监测或处理。要防止将放射性污染扩散到未受到污染的地区。

第6章 核武器

1. 世界"原子弹之父"——奥本海默
2. 破坏力极大的"三弹"
3. 污染
4. 核武器制造

◪ 世界"原子弹之父"——奥本海默

罗伯特·奥本海默（J. Robert Oppenheimer, 1904年4月22日—1967年2月18日），美国犹太人物理学家，曼哈顿计划的主要领导者之一，被美国誉为"原子弹之父"。

奥本海默生于纽约一个富有的德裔犹太人家庭，自幼就有着优裕的生长环境。父亲是德籍犹太人，从小就移民到美国，后来在纺织界致富。母亲是一个天才画家，她鼓励奥本海默接触艺术和文学，却在奥本海默九岁时去世。他天资聪颖，兴趣广泛，幼时广泛涉猎文学、哲学、语言等领域，尤其爱好诗歌，对道德和艺术有着相当高的敏感性，而所有这些在

罗伯特·奥本海默

他日后思想和事业的发展中都留下了久远的影响和痕迹。1921年，奥本海默以十门全优的成绩毕业于纽约道德文化学校，因病延至次年入哈佛大学化学系学习。他三年读完哈佛大学，1925年以荣誉学生的身份提前毕业，他父亲很高兴，送给他一艘三十英尺长的帆船。

随后他到英国剑桥大学深造，想跟卢瑟福从事实验物理研究，但卢瑟福不愿收他为学生，这时他迷上了量子力学，于是开始攻读理论物理，加入到著名的卡文迪许实验室，1926年，转到德国哥廷根大学，跟随玻恩研究，1927年以量子力学论文获德国哥廷根大学博士学位，据称论文发表当天，在座的评审教授竟无一人敢发言反驳。接下来的两年他在瑞士的苏黎克和荷兰的莱登作进一步的研究。1929年夏天，奥本海默回到美国，不幸感染了肺结核，在新墨西哥州洛塞勒摩斯镇附近的一个农场上养病。

后来他在柏克莱大学和加利福尼亚大学任教，即使是上课，烟斗仍片刻不离嘴，又经常咳嗽，成为学生

哈佛大学

加利福尼亚大学

模仿的对象。奥本海默不看报纸、不看新闻报导，也不听收音机，对政治也缺乏兴趣。奥本海默的研究范围很广，从天文、宇宙射线、原子核、量子电动力学到基本粒子。他有辩才，擅长于组织管理能力，精通八种语言，尤爱读梵文《薄伽梵歌》经典，为此自修梵文。

1936年，奥本海默追求过一位名叫珍·泰特洛克的研究神经病学的女学生，是一个共产党员。1940年，他跟生物学家凯塞琳·哈利生(Katherine Harrison)结婚，凯塞琳是左翼份子。奥本海默的妻子、前女友、弟弟等人和共产党有深浅不一的关系。

◩ 破坏力极大的"三弹"

美国对日本投下的两颗原子弹，是以带降落伞的核航弹形式，用飞机作为运载工具的。以后，随着武器技术的发展，已形成多种核武器系统，包括弹道核导弹、巡航核导弹、防空核导弹、反导弹核导弹、反潜核火箭、深水核炸弹、核航弹、核炮弹、核地雷等。其中，配有多弹头的弹道核导弹，以及各种发射方式的巡航核导弹，是美国、前苏联两国装备的主要核武器。

通常将核武器按其作战使用的不同划分为两大类，即用于袭击敌方战略目标和防御己方战略要地的战略核武器，和主要在战场上用于打击敌方战斗力量的战术核武器。前苏联还划分有"战役战术核武器"。核武器的分类方法，与地理条件、社会政治因素有关，并不是十分严格的。自70年代末以后，美国官方文件很少使用"战术核武器"，代替它的有"战区核武器"、"非战略核武器"等，并把中远程、中程核导弹也划归这一类。

已生产并装备部队的核武器，按核战斗部设计看，主要属于原子弹和氢弹两种类型。至于核武器的数量，并无准确的公布数字，有关研究机构的估计数字也不一致。按近几年的资料综合分析，到80年代中期，美国、前苏联两国总计有核战斗部

中程核导弹

50 000 枚左右,占全世界总数的95%以上。其梯恩梯当量,总计为 120 000亿千克左右。而第二次世界大战期间,美国在德国和日本投下的炸弹,总计约 20 亿千克梯恩梯,只相当于美国B-52型轰炸机携载的2枚氢弹的当量。从这一粗略比较可以看出核武器库贮量的庞大。美国、前苏联两国进攻性战略核武器(包括洲际核导弹、潜艇发射的弹道核导弹、巡航核导弹和战略轰炸机)在数量和当量上比较,美国在投射工具(陆基发射架、潜艇发射管、飞机)总数和梯恩梯当量总值上均少于前苏联,但在核战斗部总枚数上多于前苏联。考虑到核爆炸对面目标的破坏效果同当量大小不是简单的比例关系,另一种估算办法是以一定的冲击波超压对应的破坏面积来度量核战斗部的破坏能力,即取核战斗部当量值(以百万吨为计算单位)的三分之二次方为其"等效百万吨当量"值(也有按目标特性及其分布和核攻击规模大小等不同情况,选用小于三分之二的其他方次的),再按各种核战斗部的枚数累计算出总值。按此法估算比较美

核战

国、前苏联两国的战略核武器破坏能力，由于当量小于百万吨的核战斗部枚数，美国多于前苏联，两国的差距并不很大。但自80年代以来，随着前苏联在分导式多弹头导弹核武器上的发展，这一差距也在不断扩大。而对点（硬）目标（见点目标）的破坏能力，

核污染

则核武器投射精度起着更重要的作用，由于在这方面美国一直领先，仍处于优势。

除美、前苏联、英、法和中国已掌握核武器外，印度在1974年进行过一次核试验。一般认为，掌握必要的核技术并具有一定工业基础及经济实力的国家，也完全有可能制造原子弹。

◪ 污染

核污染主要指核物质泄露后的遗留物对环境的破坏，包括核辐射、原子尘埃等本身引起的污染，还有这些物质对环境的污染后带来的次生污染，比如被核物质污染的水源对人畜的伤害。

核污染主要指核物质泄露后的遗留物对环境的破坏，包括核辐射、原子尘埃等本身引起的污染，还有这些物质对环境的污染后带来的次生污染，比如被核物质污染的水源对人畜的伤害。

核污染有核武器实验、使用，核电站泄露，工业或医疗上使用的核物质丢失等。

一定量放射性物质进入人体后，既具有生物化学毒性，又能以它的辐射作用造成人体损伤，这种作用称为内照射。体外的电离辐射照射人体也会造成损伤，这种作用称为外照

射。辐射损伤是各种电离辐射作用于人体所引起的各种生物效应的总称。这是由于各种电离辐射（如χ或γ射线、β射线、α射线和中子束等）引起电离、激发等作用而把能量传递给机体，造成各组织器官的病理变化。放射性核素可以对周围产生很强的辐射，形成核污染。放射性沉降物还可以通过食物链进入人体，在体内达到一定剂量时就会产生有害作用。人会出现头晕、头疼、食欲不振等症状，发展下去会出现白细胞和血小板减少等症状。如果超剂量的放射性物质长期作用于人体，就能使人患上肿瘤、白血病及遗传障碍。

◪ 核武器制造

核武器，利用核反应的光热辐射、冲击波和感生放射性造成杀伤和破坏作用，以及造成大面积放射性污染，阻止对方军事行动以达到战略目的的巨大杀伤力武器。主要包括裂变武器（第一代核武器，通常称为原子弹）和聚变武器（亦称为氢弹，分为两级及三级式）。亦有些还在武器内部放入具有感生放射的轻元素，以增大辐射强度扩大污染，或加强中子放射以杀伤人员（如中子弹）。核武器也叫核子武器或原子武器。

核武器是指包括氢弹、原子弹、中子弹、三相弹、反物质弹等在内的与核反应有关的巨大杀伤性武器。

除美国、俄罗斯、英国、法国、中国已掌握核武器外，印度在 1974 年

原子武器

进行过一次核试验，巴基斯坦 1998 年 05 月 29 日首次核试验成功，以色列和日本虽未公开进行核爆试验，但以色列是公认的具有核武器的国家，而日本则完全具备制造核武器的技术条件。朝鲜虽然已经掌握核武器，但传闻其掌握的技术水平仅停留在五六十年代的美国甚至更落后，并且还传闻有朝鲜制造的核武器都是体积和重量都很大、当量小、效率低、无法用于实战。

一般认为，掌握必要的核技术并具有一定工业基础及经济实力的国家，也完全有可能制造原子弹。

核爆炸试验

一般化学炸药如梯恩梯（TNT）爆炸时释放的能量，来自化合物的分解反应。在这些化学反应里，碳、氢、氧、氮等原子核都没有变化，只是各个原子之间的组合状态有了变化。核反应与化学反应则不一样。在核裂变或核聚变反应里，参与反应的原子核都转变成其他原子核，原子也发生了变化。因此，人们习惯上称这类武器为原子武器。但实质上是原子核的反应与转变，所以称核武器更为确切。

原子核

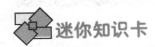 迷你知识卡

核武器的威力

是氢铀弹，或者叫三相弹，爆炸时首先是包裹在最外层的黄色炸药被引爆，使外层的薄铀-235 装药层发生裂变，产生的高温和高压对中层的热核装药进行压缩和冲击，将电子剥离氢原子核，形成高速运动的氢原子核和自由电子云，从而发生热核聚变，放出氢弹爆炸的能量并释放出每秒 5 万千米的快速中子流，在这样高速的中子流的持续轰击下，内层的铀-238 这种平时不易裂变的原子也发生裂变，释放巨大的能量，从而使氢铀弹爆炸获得氢弹和原子弹爆炸的双重能量，破坏威力和放射性污染也远在二者之上。

第7章 核能的未来

1. 海上海底核电站
2. 通古斯大爆炸
3. 增殖堆
4. 聚变将带来巨变
5. 人造小太阳

◩ 海上海底核电站

海上核电站可根据不同地区以及环境的差异提供不同等级的电力支持,而核电站所用的反应堆性能可靠, 曾在核潜艇以及破冰船上使用过,其中最小的一种也价值2 000万美金。这种反应堆每12年才需更换一次核燃料,使用寿命为50年,符合国际原子能机构不扩散条约的要求。

海上核电站

而较大的 KLT-40C 反应堆可满足5万人的电力需求。

在海上建造核电站有其独特的优点,不过它的安全问题也引起人们很大的担忧。面对一种既能带来一本万利又能给地球带来毁灭性灾难的能源,我们应该何从选择?

能源危机给我们带来了什么?

海上核电站

石油看来已经快撑不住了,油价一路上涨,非可再生资源按照现在的消耗速度,也用不了多少时间了,因此,人们在大力提倡节约能源的同时,也在不断的开发新能源,从太阳能到氢能,人们不断的在寻找着各种解决能源危机的途径。而数十年来俄罗斯也在寻找一种解决其自身能源危机的出路,那就是建造海上浮动核电站。

据流行科学网报道,俄罗斯原子能公司已经决定在白海建造一座浮动的海上核电站,主要目的就是为了向远在俄罗斯白海附近的领地输送电力,因为那里恶劣的天气使得向那里运送常规的煤炭或者石油燃料很困难而且也很昂贵。这座耗资大约 2 亿美元的海上浮动核电站将在明年动工,建成后将为 20 万人提供电力。虽然,水上似乎听起来有些不可思议,但其实这已经不是什么新鲜事了,而且也不是俄罗斯第一个想出来的。在大约 20 世纪 70 年代的时候,美国西屋电气公司就曾设想过在水上建造核电站,而且在佛罗里达杰克逊维尔港口还建造了停靠码头,那里浮动核电站可以起航沿着美国东部大西洋沿岸地区漂浮,而且可以很方

美国西屋电气公司开关

西屋电气公司

便的向沿岸的城镇输送所需的电力。但后来，据西屋电气公司已经退休的原顾问 Richard Orr 说，伴随着 1973 年的欧佩克石油禁运而来的能源保护政策扼杀了这项计划。

　　海底核电厂采用核潜艇技术，每艘"潜艇"可提供 50 兆瓦至 250 兆瓦（megawatt）电力，比陆地核发电厂的 1 650 兆瓦电力低许多。核电厂造价估计介于 1 亿欧元至 10 亿欧元之间。它不能充作军事用途，而且遭受恐怖袭击及发生核灾难的可能性较低。核发电厂是一个胶囊状的设施，长 100 米，直径为 12 至 15 米，重达 12 亿千克。DCNS 计划将该设施安置在水面下 100 米的海床上。

　　海底核电厂在发电原理上和陆地上的核电厂是一样的，都是利用核燃料在裂变过程中产生的热量将冷却的水（或其他液体）加热，使它变成高压蒸汽，再去推动汽轮发电机发电。

西屋电气公司

　　首先，海底核电厂站的各个零部件要能承受住几百米深的海水所施加的巨大压力。其次要求所有设备滴水不漏，密封性好，并能耐海水腐蚀。因此，海底核电厂所用的反应堆都安装在耐压的堆舱里，汽轮发电机则密封在耐压舱内。而堆舱和耐压舱都固定在一个大的平台上。

　　考虑到安装方便，海底核电厂可在海面上进行安装。安装完工后，将整个核电厂和固定平台一起沉入海底，坐落在预先铺好的海底地基上。

西屋电气公司

通古斯大爆炸

当核电厂在海底连续运行数年以后，像潜水艇一样可将它再浮出海面，以便由海轮拖到附近海滨基地进行检修和更换堆料。

法国国防部和海军舰船建造机构(DCNS)说，此类称为海底核电厂，能为有 10 万人的大城市，或有 100 万人的发展中国家城市供应电能。

◣ 通古斯大爆炸

通古斯大爆炸，是 1908 年 6 月 30 日上午 7 时 17 分 (UTC 零时 17 分) 发生在俄罗斯西伯利亚埃文基自治区的大爆炸。爆炸发生于通古斯河附近、贝加尔湖西北方 800 千米处，北纬 60.55 度，东经 101.57 度，当时估计爆炸威力相当于 10 ～ 15 百

万吨 TNT 炸药，超过 2 150 平方千米内的 6 千万棵树焚毁倒下。通古斯爆炸事件距今已届满一世纪，目前当地的森林与生态环境已恢复。此事件与 3 000 多年前印度的死丘事件及 1626 年 5 月 30 日北京的王恭厂大爆炸并称为世界三大自然之谜。

1908 年 6 月 30 日黎明，西伯利亚通古斯地区的俄罗斯人正在熟睡。突然，狂风大作，风中夹杂着巨大的噪声。风停之后，瞬间的宁静，远处发出一种异常的声音。人们被这种异常的声音惊醒。7 点 43 分，爆炸声响起。一个燃烧着的怪物，拖着长长的烟火尾巴，从南到北划过天空，消失在地平线外，地平线上升起一团巨大的火焰。1 分多钟后，人们又听到了那似乎来自远方的清晰的轰鸣声，大地开始颤动……之后，人们感到了 3 次强烈的爆炸。爆炸之后的几天里，通古斯地区方圆 9 000 英里的天空，被一种阴森的橘黄色笼罩。大片地区连续出现了白夜现象。

爆炸之后的若干年，科学家们先后在那里发现了3个与月球火山口相似、直径为90～200米的爆炸坑。一片面积为2 000平方千米的原始森林被冲击波击倒，至少30万棵树呈辐射状死亡，有些地方的冻土被融化变成了沼泽地。在随后的探险考察中，科学家们还发现爆炸地区土壤被磁化。1908—1909 年的树木年轮中出现放射性异常，某些动物出现遗传变异。据伊尔库茨克地震站的

通古斯大爆炸

研究人员测定，这次奇怪的爆炸能量，相当于100亿～150亿千克TNT炸药，是30多年后广岛原子弹爆炸能量的1 000倍。

关于通古斯大爆炸的起因，有许多假说与猜测。总体说来，可以归纳为"陨石撞击说"、"核爆炸说"、"外星飞船爆炸说"和"彗星撞击说"4类，但均没有得到普遍的认可。

据美国太空网报道，一个世纪前，通古斯地区发生了一次大爆炸，这次神秘的爆炸将西伯利亚一片面积相当于东京的森林夷为平地。这次爆炸可能是由一颗小行星撞击导

通古斯大爆炸"陨石撞击说"

致的,它的个头要比人们之前认为的小得多。新墨西哥州阿尔伯克基的桑地亚国家实验室的物理学家马克·伯斯拉夫表示:一颗相对较小的直径大约20米的小行星仍可以制造类似这样的大爆炸。

1908年6月30日,一颗小行星在克拉斯诺雅尔斯克边疆区的石泉通古斯河附近坠落并引发大爆炸,这次爆炸将面积大约50万英亩(2 000平方千米)的西伯利亚森林夷为平地。科学家当时认为,通古斯大爆炸的威力大约相当于 10 到 20 兆吨TNT,这一威力是在广岛投放的原子弹的 1 000 倍。

一个世纪以来,为了揭开通古斯大爆炸的秘密,很多稀奇古怪的理论纷纷浮出水面,其中包括不明飞行物(UFO)发生事故、反物质、黑洞等很多假说。研究人员还一直认为,这一神秘事件应该是由在地球大气层爆炸的一颗小行星导致的,这颗小行星的宽度大约有100英尺(30米),重量在5.6亿千克左右,大约是泰塔尼克号的10倍。

据科学家推测,这颗小行星在与地面接触前就

已经爆炸了,爆炸产生的碎片可能与地面发生撞击。伯斯拉夫说,新的超级计算机模拟结果显示,"这颗导致巨大损失的小行星的个头比我们之前认为的要小得多"。他和同事指出,这颗小行星的重量可能比之前认为的小3到4倍,它的直径也许只有65英尺(20米)左右。

此次模拟是由桑地亚国家实验室的超级计算机"红色风暴"(世界上运算速度第三快的超级计算机)进行的,它详细展示了一颗小行星在穿越地球大气层时发生爆炸,爆炸产生的过热气体不断扩散形成一个超音速气流的情况。

伯斯拉夫说,这个大火球在地面导致的冲击波强度要高于之前的预

小行星

测。而之前的预测似乎也夸大了爆炸产生的破坏程度，因为据林务员透露，当时的森林处于一种不健康的状态。伯斯拉夫说："毁掉一棵病树所需的能量要远远低于毁掉一棵健康的树。"此外，爆炸产生的风的强度显然也难逃被夸大的命运，由于这种夸大，爆炸威力似乎要强于实际情况。

他解释说，科学家之前认为的10 到 20 兆吨 TNT 这一数量更有可能是 3 到 5 兆吨。但研究人员仍旧认为，更小的小行星也可能制造更为可怕的灾难，这与人们之前的预测形成了鲜明对比。伯斯拉夫在接受太空网采访时说："拥有这种体积的小行星有很多。"

美国宇航局艾姆斯研究中心行星科学家和天体生物学家大卫·莫里森说："如果他的观点是正确的，我们可能遭遇更多'通古斯大爆炸'，也许每隔几个世纪就会出现一次而不是 1 000 年或者 2 000 年。因此，相关的预防措施必须有待增长。"

1908 年 6 月 30 日，在俄罗斯帝国西伯利亚森林的通古斯河畔，突然爆发出一声巨响，巨大的蘑菇云腾空而起，天空出现了强烈的白光，气温瞬间灼热烤人，爆炸中心区草木烧焦，70 千米外的人也被严重灼伤，还有人被巨大的声响震聋了耳朵。不仅附近居民惊恐万状，而且还涉及到其它国家。英国伦敦的许多电灯骤然熄灭，一片黑暗。欧洲许多国家的人们在夜空中看到了白昼般的闪光。

星系

甚至远在大洋彼岸的美国,人们也感觉到大地在抖动。

具体的发生的时间:当地时间早上7点17分,位置:北纬60度53分09秒、东经101度53分40秒,靠近通古斯河附近(今属俄罗斯联邦埃文基自治区)。破坏力:据后来估计,相当于150亿～200亿千克TNT炸药2 000颗原子弹威力,并且让超过2 153.2平方千米内的6 000万棵树倒下。大约当地时间早上7点15分左右,在贝加尔湖西北方的当地人观察到一个巨大的火球划过天空,其亮度和太阳相若。数分钟后,一道强光照亮了整个天空,并且观察到了蕈状云的现象。这个爆炸被横跨欧亚大陆的地震站所记录,其所造成的气压不稳定甚至被当时英国刚发明的气压自动记录仪所侦测。在美国,史密松天文物理台和威尔逊山天文台观察到大气的透明度有降低的现象至少数个月。当时俄国的沙皇统治正处在风雨飘摇之中,无力对此组织调查。人们笼统地把这次爆炸称为“通古斯大爆炸”。十月革命后,苏维埃政权于1921年派物理学家库利克率领考察队前往通古斯地区考察。他们宣称,爆炸是一次巨大的陨星造成的。但他们却始终没有找到陨星坠

威尔逊山天文台

广岛原子弹爆炸

落的深坑,也没有找到陨石。只发现了几十个平底浅坑。因此,"陨星说"只是当时的一种推测,缺乏证据,库利克又两次率队前往通古斯考察,并进行了空中勘测,发现爆炸所造成的破坏面积达 2 000 多平方千米。同时人们还发现了许多奇怪的现象,如爆炸中心的树木并未全部倒下,只是树叶被烧焦,爆炸地区的树木生长速度加快,其年轮宽度由 0.4 ～ 2 毫米增加到 5 毫米以上。爆炸地区的驯鹿都得了一种奇怪的皮肤病枣癞皮病等等。不久二战爆发,库利克投笔从戎,在反法西斯战争中献出了宝贵的生命。前苏联对通古斯大爆炸的

考察,也被迫终止了。二战以后,前苏联物理学家卡萨耶夫访问日本,1945 年 12 月,他到达广岛,四个月前美国在这里投下了原子弹。看着广岛的废墟,卡萨耶夫顿然想起了通古斯,两者显然有着众多的相似之处。

爆炸中心受破坏,树木直立而没有倒下。爆炸中人畜死亡,是核辐射烧伤造成的。爆炸产生的蘑菇云形相同,只是通古斯的要大得多。

特别是在通古斯拍到的那些枯树林立、枝干烧焦的照片,看上去与广岛上的情形十分相似。因此,卡萨耶夫产生了一个大胆的想法,他认为通古斯大爆炸是一艘外星人驾驶的核动力宇宙飞船,在降落过程中发生故障而引起的一场核爆炸。

此论一出,立即在前苏联科学界引起了强烈反应。支持者和反对者不乏其人。索罗托夫等人进一步推测该飞船来到这一地区是为了往贝加尔湖取得淡水。还有人指出,通古

斯地区驯鹿所得的癞皮病与美国1945年在新墨西哥进行核测验后当地牛群因受到辐射引起的皮肤病十分近似，而通古斯地区树木生长加快，植物和昆虫出现遗传性变异等情况，也与美国在太平洋岛屿进行核试验后的情况相同。

五六十年代，前苏联科学院多次派出考察队前往通古斯地区考察，认为是核爆炸的人和坚持"陨星说"的人都声称考察找到了对自己有利的证据，双方谁也说服不了谁。对于没有找到中心陨星坑的情况，有人认为坠落的是一颗彗星，因此只能产生尘爆，而无法造成中心陨星坑。

1973年，一些美国科学家对此提出了新见解，他们认为爆炸是宇宙黑洞造成的。某个小型黑洞运行在冰岛和纽芬兰之间的太平洋上空时，引发了这场爆炸。但是关于黑洞的性质、特点，人们所知甚少。"小型黑洞"是否存在尚是疑问。因此，这种见解也还缺少足够的证据。直到今天，通古斯大爆炸之谜仍未解开。

◤ 增殖堆

增殖堆是目前世界上最先进的核反应堆。又称为快堆。

铀-235是实用的核燃料。这就是说，慢中子会使铀-235原子发生裂变（一分为二），并且产生更多的慢中子，而这些慢中子又会进一步引起其他铀原子裂变，使裂变过程持续下去。由于同样的原因，铀-233和钚-239也是实用的核燃料。

遗憾的是，天然存在的铀-233和钚-239的数量真是微乎其微，而铀-235的数量虽然比较可观，但也相当稀少。在任何一块天然铀的标本

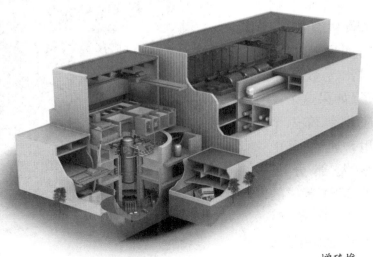

增殖堆

中,每一千个铀原子当中只有七个是铀-235,其余的都是铀-238。

铀-238是最常见的一种铀,但它却不是实用的核燃料。铀-238也能在中子作用下发生裂变,但只有快中子才能做到这一点。那些分裂成两半的铀-238会产生一些慢中子,而慢中子不足以引起进一步的裂变。铀-238可以比作潮湿的木头:你可以把它烧着,但它最后还是要熄灭的。但是,假定把铀-235同铀-238分离开来(这是一个相当艰巨的任务),并且用铀-235来建造一个原子核反应堆,这时,构成反应堆燃料的那些铀-235原子就会发生裂变,并向四面八方发射出无数慢中子。如果这个反应堆包着一个用普通铀(其中绝大部分是铀-238)制成的外壳,那么,射入这个外壳的中子就会被

铀-238所吸收。这些中子不可能迫使铀-238发生裂变,但却会使铀-238发生另外的变化,最后就会产生钚-239。如果把这些钚-239从铀里面分离出来(这是个相当容易完成的任务),它们就可以用作实用的核燃料了。能够用这种方式产生新燃料去代替用掉的燃料的反应堆就是增殖反应堆。一座设计得当的增殖反应堆所生产的钚-239,在数量上要多于消耗掉的铀-235。利用这种办法,就可以使地球上的全部铀而不仅仅

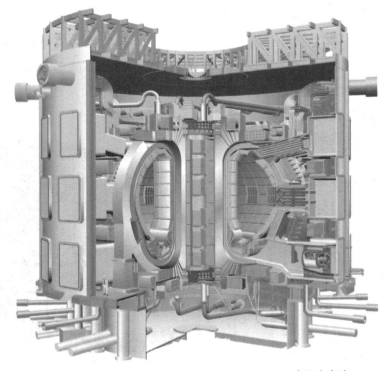

增殖反应堆

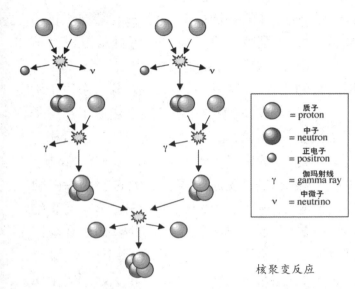

⬤	= 质子 = proton
⬤	= 中子 = neutron
⬤	= 正电子 = positron
γ	= 伽玛射线 = gamma ray
ν	= 中微子 = neutrino

核聚变反应

是稀有的铀-235 都变成潜在的燃料来源。

天然存在的钍完全是由钍-232 组成的。钍-232 就象铀-238 一样，也不是实用的核燃料，因为要有快中子才能使它发生裂变。不过，如果把钍-232 放进包着核反应堆的外壳里，钍-232 原子就会吸收慢中子，并且尽管它不发生裂变，最后却会变成铀-233 原子。由于铀-233 是一种很容易同钍分离开来的实用燃料，这样做的结果便又实现了另一种增殖反应堆，它会把地球上现有的钍资源变成潜在的核燃料。地球上的铀和钍的总量大约比铀-235 一项的蕴藏量多 800 倍。这就是说，如果适当地利用增殖反应堆，就可以通过原子核裂变发电厂把地球上的潜在能源增加 800 倍。

◼ 聚变将带来巨变

核聚变反应主要借助氢同位素。核聚变不会产生核裂变所出现的长期和高水平的核辐射，不产生核废料，当然也不产生温室气体，基本不污染环境。

在标准的地面温度下，物质的原子核彼此靠近的程度只能达到原子的电子壳层所允许的程度。因此，原子相互作用中只是电子壳层相互影响。带有同性正电荷的原子核间的斥力阻止它们彼此接近，结果原子核没能发生碰撞而不发生核反应。要使参加聚变反应的原子核必须具有足够的动能，才能克服这一斥力而彼此靠近。提高反应物质的温度，就可增大原子核动能。

聚变反应需要高温，一个聚变反应释放出的能量很少，也是放出一些中子，这种小规模的核聚变反应还是可以借助人为的方法避开高温获得的，但如果要是大量的，就必须热核反应，使聚变反应变成一个自持的反应，就是自己维持自己的反应，就像烧火一样,煤要烧起来的话,一部分燃烧了,这部分燃烧产生的能量又影响到另外一部分温度提高了,另一部分又燃烧了,能量越多,煤燃起来的就越来越旺。

聚变也是同样的性质,一个聚变了之后,能够放出一些中子,同时也产生一些能量,靠本身的聚变提供热的能量,维持温度。但这个温度要维持到一个很高的温度才能够维持热核聚变反应,温度要达到好几百万个摄氏度才能发生聚变反应,当少于这个温度的时候,聚变一会儿就熄灭了,就像烧火一样,火烧的不旺一会儿就灭了。这么高的高温,人为和其他的办法很难达到,只有靠原子核的裂变。聚变有一个好处就是没有核污染,而裂变有核污染。

物质由分子构成,分子由原子构成,原子中的原子核又由质子和中子构成,原子核外包覆与质子数量相等的电子。质子带正电,中子不带电。电子受原子核中正电的吸引,在"轨道"上围绕原子核旋转。不同元素的电子、质子数量也不同,如氢和氢同位素只有1个质子和1个电子,铀是天然元素中最重的原子,有92个质子和92个电子。

核聚变是指由质量轻的原子(主要是指氢的同位素氘和氚)在超高温

核聚变发电

条件下,发生原子核互相聚合作用,生成较重的原子核(氦),并释放出巨大的能量。1千克氘全部聚变释放的能量相当1100万千克煤炭。其实,利用轻核聚变原理,人类早已实现了氘氚核聚变——氢弹爆炸,但氢弹是不可控制的爆炸性核聚变,瞬间能量释放只能给人类带来灾难。如果能让核聚变反应按照人们的需要,长期持续释放,才能使核聚变发电,实现核聚变能的和平利用。

如果要实现核聚变发电,那么在核聚变反应堆中,第一步需要将作为反应体的氘—氚混合气体加热到等离子态,也就是温度足够高到使得电子能脱离原子核的束缚,让原子核能自由运动,这时才可能使裸露的原子核发生直接接触,这就需要达到大约10万摄氏度的高温。第二步,由于所有原子核都带正电,按照"同性相斥"原理,两个原子核要聚到一起,必须克服强大的静电斥力。两个原子核之间靠得越近,静电产生的斥力就越大,只有当它们之间互相接近的距离达到大约万亿分之三毫米时,核力(强作用力)才会伸出强有力的手,把它们拉到一起,从而放出巨大的能量。

质量轻的原子核间静电斥力最小,也最容易发生聚变反应,所以核聚变物质一般选择氢的同位素氘和

氚。氢是宇宙中最轻的元素,在自然界中存在的同位素有:氕、氘(重氢)、氚(超重氢)。在氢的同位素中,氘和氚之间的聚变最容易,氘和氘之间的聚变就困难些,氕和氕之间的聚变就更困难了。因此人们在考虑聚变时,先考虑氘、氚之间 的聚变,后考虑氘、氘之间的聚变。重核元素如铁原子也能发生聚变反应,释放的能量也更多,但是以人类目前的科技水平,尚不足满足其聚变条件。

为了克服带正电子原子核之间的斥力,原子核需要以极快的速度运行,要使原子核达到这种运行状态,就需要继续加温,直至上亿摄氏度,使得布朗运动达到一个疯狂的水平,温度越高,原子核运动越快。以至于它们没有时间相互躲避。然后就简单了,氘的原子核和氚的原子核以极大的速度,赤裸裸地发生碰撞,结合成1个氦原子核,并放出1个中子和17.6兆电子伏特能量。

反应堆经过一段时间运行,内部反应体已经不需要外来能源的加热,核聚变的温度足够使得原子核继续发生聚变。这个过程只要将氦原子核和中子及时排除出反应堆,并及时将新的氘和氚的混合气输入到反应堆内,核聚变就能持续下去,核聚变产生的能量一小部分留在反应体内,维持链式反应,剩余大部分的能量可以通过热 交换装置输出到反应堆外,驱动汽轮机发电。这就和传统核电站类似了。

核聚变较之核裂变有两个重大优点。一是地球上蕴藏的核聚变能远

核污染

比核裂变能丰富得多。据测算,每升海水中含有 0.03 克氘,所以地球上仅在海水中就有 4.5×10^8 亿千克氘。1 升海水中所含的氘,经过核聚变可提供相当于 300 升汽油燃烧后释放出的能量。地球上蕴藏的核聚变能约为蕴藏的可进行核裂变元素所能释出的全部核裂变能的 1 000 万倍,可以说是取之不竭的能源。至于氚,虽然自然界中不存在,但靠中子同锂作用可以产生,而海水中也含有大量锂。

第二个优点是既干净又安全。因为它不会产生污染环境的放射性物质,所以是干净的。同时受控核聚变反应可在稀薄的气体中持续地稳定进行,所以是安全的。

目前实现核聚变已有不少方法。最早的著名方法是"托卡马克"型磁场约束法。它是利用通过强大电流所产生的强大磁场,把等离子体约束在很小范围内以实现上述三个条件。

喷气飞机

虽然在实验室条件下已接近成功,但要达到工业应用还差得远。按照目前技术水平,要建立托卡马克型核聚变装置,需要几千亿美元。

另一种实现核聚变的方法是惯性约束法。惯性约束核聚变是把几毫克的氘和氚的混合气体或固体,装入直径约几毫米的小球内。从外面均匀射入激光束或粒子束,球面因吸收能量而向外蒸发,受它的反作用,球面内层向内挤压(反作用力是一种惯性力,靠它使气体约束,所以称为惯性约束),就像喷气飞机气体往后喷而推动飞机前飞一样,小球内气体受挤压而压力升高,并伴随着温度的急剧升高。当温度达到所需要的点火温度(大概需要几十亿度)时,小球内气体便发生爆炸，并产生大量热能。这种爆炸过程时间很短，只有几个皮秒（1皮等于1万亿分之一）。如每秒钟发生三四次这样的爆炸并且连续不断地进行下去，所释放出的能量就相当于百万千瓦级的发电站。

国际热核聚变实验反应堆

原子核的性质是这样的，有轻原子核，有重原子核，但是能够提供能量的一般都是重原子核。现在一般通用来做裂变武器的原子核比较多的是以铀-235和钚-239这两种为主的。裂变就是一个原子核受到一个中子的打击，打击之后原子核裂开了，变成了两个原子核，裂变过程当中有质量亏损，根据质量和能量的转换关系，裂变产生了巨大的能量。

一个原子核裂变，能量也并没有多少，大约几百个电子伏，但是在裂变的过程中间，核反应之后通常要放出一些中子出来，放出来的中子数量不是一个定数，有的多一些，有的少一些，但平均是两到三个。裂变之后放出的中子又要使周围其他的和同样的元素、核素起裂变作用，于是一个带七八个、十来个，然后这七八个、十来个，每一个又带七八个、十来个从而产生高能量，很多很多原子核进行裂式裂变反应，产生出作为武器使用的能量。

▣ 人造小太阳

核聚变反应堆又称为"人造小太阳"，因为太阳和其他恒星本身就是一个巨大的核聚变反应堆，它们内部有大量氢的同位素氘（又叫重氢）和氘(又叫超重氢)。在太阳高温高压的环境下,这些氘原子和氚原子不停地撞击而进行聚变反应,因此产生了照亮整个太阳系的巨大热量。

国际热核聚变实验反应堆计划于2006年11月21日正式启动,该计划被称为人类最终解决能源危机的最大希望。EAST比国际热核聚变实验反应堆在规模上小很多,但两者都是全超导非圆截面托卡马克装置。EAST的成功运行,将为国际热核聚变实验反应堆计划作出重要贡献。我国是国际热核聚变实验反应堆计划的参与国家之一,将承担10%的责任。中科院等离子体研究所将承担起一批部件的研发任务,涉及超导技术、大功率电源技术、遥控技术等。

EAST是由中国独立设计制造的世界首个全超导核聚变实验装置,2007年3月通过国家验收,并在近年来取得了一系列实验成果。其科学目标是为ITER计划和我国未来独立设计建设运行核聚变堆奠定坚实的科学和技术基础。

继去年9月首次成功放电后,我国"人造太阳"实验装置——位于合肥的全超导非圆截面核聚变实验装置(EAST)14日23时01分至15日1时连续放电四次,单次时间长约50毫秒,从而标志着第二轮物理实验的开始。专家认为,全超导核聚变装置再次成功放电,标志着我国在全超导核聚变实验装置领域进一步站在了世界前沿。"虽然稍纵即逝,但是放电的可重复性,表明我们的装置在工程上是非常可靠的。"中国科学院等离子体物理研究所副所长武松涛介绍,这轮实验是从去年12月开始对装置进行调试的,实验计划将进行到今年2月10日左右。"这轮实验的主要目标不是追求放电时间的长短,

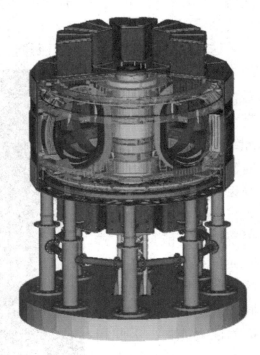

全超导核聚变实验装置

而是旨在去年获得圆形截面等离子体的基础上获得非圆截面等离子体，这具有重要意义。"武松涛说，随着进一步调试和各系统的磨合，"人造太阳"有可能绽放出更为璀璨的光芒。

根据设计，EAST产生等离子体最长时间可达1 000秒，温度将超过1亿摄氏度。"我们将通过一次次调试和实验，获得时间更长、温度更高、参数更好的等离子体。"武松涛说。2006年9月28日中国科学院等离子体所的"人造太阳"实验装置首次建成并投入运行，在第一轮实验中，获得了电流超过500千安、时间近5秒的高温等离子体。

这个由我国自行设计、自行研制的"人造太阳"实验装置是世界上第一个同时具有全超导磁体和主动冷却结构的托卡马克。它的建成，使我国迈入磁约束核聚变领域先进国家行列。稳态运行的核聚变堆产生能量的方式和太阳相同，都是在超高温条件下氢（或氢的同位素）的原子核聚变产生巨大能量，因此相关的研究被比作"人造

太阳"。

2013年1月5日，从中科院合肥物质研究院获悉，该院等离子体所承担的大科学工程"人造太阳"实验装置（EAST）又获重大实验成果，其辅助加热工程的中性束注入系统（NBI）在综合测试平台上成功实现100秒长脉冲氢中性束引出，初步验证了系统的长脉冲运行能力。

科学家们介绍说，本轮实验获得的长脉冲中性束引出，在国内尚属首次，标志着中国在中性束注入加热研究领域又迈出了坚实的一步。EAST装置辅助加热系统2010年7月正式立项，它是使EAST具有运行高参数等离子体的能力，从而可以开展与国

核反应堆

际热核聚变反应堆密切相关的最前沿性研究的重要系统。其主要包括低杂波电流驱动系统、中性束注入系统这两大系统。

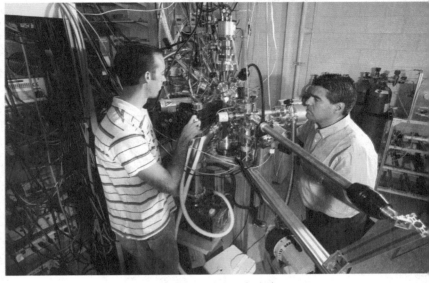

热核聚变实验反应系统

EAST 中性束注入系统完全由中国自行研制，涵盖了精密的强流离子源、高真空、低温制冷、高电压及隔离技术、远程测控及等离子体和束诊断等多个科学技术领域。本轮实验中，中性束注入系统团队按实验计划仅利用 10 天的调试，即获束能量 30 千电子伏、束流 9 安培、束功率约 0.3 兆瓦、脉冲宽度 100 秒的长脉冲中性束引出。实验在成功测试兆瓦级强流离子源性能的同时，也验证了 NBI 各子系统具备 100 秒的长脉冲运行能力。

目前获得的实验结果具有里程碑性质，标志着中国自行研制的具国际先进水平的中性束注入加热系统已基本克服重大技术难关，为中性束注入系统在 2013 年投入 EAST 物理实验奠定了坚实基础。

迷你知识卡

核能为人类带来的利弊

一提到核很多人都会想到核武器和放射性射线等，有点恐惧感，实际错了，从事核能工作几年得知核能利用实际上是最清洁，最节能的，它的污染几乎是零，而火力发电和水力发电污染空气又污染环境，还受地方和季节的限制，在能量问题上水和火等是无法与核能相比的。我认为发展核能将会给人类带来更大的利益。

图书在版编目（CIP）数据

图说原子能的开发 / 王博编著 . -- 长春：吉林出版集团
有限责任公司，2014.3
（中华青少年科学文化博览丛书 / 沈丽颖主编．科学卷）

ISBN 978-7-5534-4418-5-02

Ⅰ．①图… Ⅱ．①王… Ⅲ．①核能－青少年读物Ⅳ.
① TL-49

中国版本图书馆 CIP 数据核字 (2014) 第 105340 号

图说原子能的开发

作　　者 / 王　博
责任编辑 / 张西琳
开　　本 / 710mm×1000mm　1/16
印　　张 / 10
字　　数 / 150千字
版　　次 / 2012年12月第1版
印　　次 / 2021年5月第3次

出　　版 / 吉林出版集团股份有限公司（长春市福祉大路5788号龙腾国际A座）
发　　行 / 吉林音像出版社有限责任公司
地　　址 / 长春市福祉大路5788号龙腾国际A座13楼　　邮编：130117
印　　刷 / 三河市华晨印务有限公司
ISBN 978-7-5534-4418-5-02　　定价 / 39.80元